Processing
创意编程

生成设计 | 数据可视化 | 声音可视化

任 远◎著

清華大學出版社
北 京

内 容 简 介

Processing 是一种开源编程语言，并配套有集成开发环境（IDE）。Processing 在电子艺术和视觉设计领域被用来作为编程基础，运用于大量的新媒体和互动艺术作品中。它被称为“一种适合设计师的编程语言”。

本书通过具体的编程实例，让读者了解基于几何规则生成图形的设计方法，并学会通过外部数据构建层次、网络等数据结构的数据可视化算法，还有基于实时音频输入生成动态图形的声音可视化技术。

本书读者主要是艺术、设计领域的艺术家、设计师、程序员和教育工作者。

图书在版编目（CIP）数据

Processing创意编程——生成设计|数据可视化|声音可视化 / 任远著. —北京：清华大学出版社，2019（2020.9重印）

ISBN 978-7-302-53572-0

Ⅰ. ①P…　Ⅱ. ①任…　Ⅲ. ①程序设计　Ⅳ. ①TP311.1

中国版本图书馆 CIP 数据核字（2019）第 181944 号

责任编辑：栾大成
封面设计：任　远
责任校对：胡伟民
责任印制：杨　艳

出版发行：清华大学出版社
网　　址：http://www.tup.com.cn，http://www.wqbook.com
地　　址：北京清华大学学研大厦 A 座　　邮　　编：100084
社 总 机：010-62770175　　邮　　购：010-62786544
投稿与读者服务：010-62776969，c-service@tup.tsinghua.edu.cn
质 量 反 馈：010-62772015，zhiliang@tup.tsinghua.edu.cn
印 装 者：三河市吉祥印务有限公司
经　　销：全国新华书店
开　　本：170mm×240mm　　**印　　张：**14.25　　**字　　数：**253 千字
版　　次：2019 年 10 月第 1 版　　**印　　次：**2020 年 9 月第 2 次印刷
定　　价：69.00 元

产品编号：067003-01

前言

过去，计算机编程只是少数人掌握的技术，随着计算机的普及和互联网/数字化的发展，不同职业的人在各自领域里开始通过编程来解决问题、探索各种可能性，甚至是发展出新的理论体系。编程也变得像是一种现实世界和数字世界沟通的通用语言。像掌握人类自然语言一样，掌握编程语言成为信息时代的一种必要技能。

同样，在艺术、设计领域，有很多艺术家、设计师、程序员和教育工作者，他们为探索编程在艺术和设计中的应用做出了贡献，同时也创造出了专门供艺术家、设计师、学生等艺术工作者使用的创意编程工具，如Processing、openFrameworks、Cinder、three.js等。这些工具在生成艺术、视听艺术、数据可视化、交互艺术等各个领域的充分应用和发展，使它们也成为很多艺术院校的必修课程。

作为一个实践者，作者在生成艺术、数据可视化和声音可视化领域探索多年，并汇集了一些经验和编程实例创作了这本书，希望通过本书可以给读者一些启发，让更多的人感受到编程的另一种可能性。

欢迎加入到创意编程这个领域来。

本书源代码下载

目录

1

编程 CODE

编程是一种表达方式

编程对于大多数人来说是一种工具或技术，但它在某种意义上更像是一种语言，比自然语言更严谨的一种语言。通过编程语言可以构建形态、运动、逻辑、交互、规则和智能等。在数字世界里构建我们想要的世界，同时也可以通过传感器与物理世界产生关联和交互，实现很多创意。这是一件非常有创造性的事情——一种新的表达方式。

基于计算几何的生成设计

我们知道在几何或形态学中，图形是由点、线、面通过一系列组合变换构成的。这些基本元素都有自己的基本几何属性，如长度、面积、角度等。它们在空间中以某种方式重复排列，如等间距、等角度、细分、随机分布等，可以构成特有的形式。此外，基本几何元素相互之间也存在很多的交互关系，如相交、平行、垂直等，我们可以通过计算机程序建立基础几何元素，并通过抽象的方式赋予它们特性和功能，再在它们之间设计一系列交互规则，然后让每个元素都作为一个个体，在特定的虚拟空间系统里初始化一系列这样的个体，用时间来演化它们的特性，并且对它们之间的交互做出相应的响应，经过一段时间后，这个系统就会基于我们设定的初始条件和演化规则生成图形，而在初始化和演化规则中可以适当加入一些随机性和非线性规则，让系统具有一定程度的复杂性，从而生成丰富的抽象图形。

数据可视化的映射函数

数据可视化是研究数据视觉化的一门科学技术，另外还有研究声音视觉化的技术——声音可视化，它其实也是数据可视化的一种，是把声音波形或MIDI信息作为数据来实现可视化。

我们也可以把数据可视化理解为数据与视觉之间的一种映射关系，即把数据通过某种映射关系转化为视觉。在数据可视化的过程中，通常会用视觉通道的概念把数据结构映射为视觉，这种映射关系可以用函数来表示，即把数据定义为x，可视化结果定义为y，视觉通道定义为函数$y=f(x)$，这样就得到一个数据和视觉之间的函数关系。因为数据可视化的函数映射关系不是唯一的，它可以是$y=x+1$，也可以是$y=\sin x$，所以将函数映射关系作为一个研究对象，那么此映射关系具有的多样性是非常有艺术价值的，利用这种多样性我们可以发现很多有意思的点。另外，可以在映射函数的基础上求反函数得到从视觉到数据之间的映射关系，还可以在视觉、数据、声音之间建立复合函数，得到视觉生成声音的映射关系。

在计算机中可以通过编程定义各种规则、进行大量实验来探索数据与视觉的映射关系，利用数据可视化映射函数这一概念，结合函数运算和分析理论，我们可以有很多深入的探索空间。

有序与无序的平衡美学

有序与无序的平衡是我们在抽象艺术创作中追求的一种美学形式，介于杂乱无章和刻板有序之间，好比生活一样，每天的生活太过于重复会有些刻板，每天都追求变化又过于混乱，达到两者之间的平衡状态则会很自然，即自然态。自然态会呈现出一种自然美感，就像我们看到树木的自然美一样，树的结构是分形的，分形模式定义了树的秩序，而树在生长细分的过程中又包含了一定的随机性，它是有序与无序的一种融合。自然态不是绝对的，它是一种相对状态，通过计算机编程可以建立视觉生成系统，定义生成过程中有序与无序的生成规则，寻找在有序与无序中的平衡美学。

Processing开发环境速通

在接下来的章节中我们将会通过编程实例来学习基于计算几何的生成设计、数据可视化和声音可视化技术。在开始之前我们先对本书使用的编程环境做一个了解。本书全部代码和算法基于Processing开发环境，Processing是一个开源项目，由Ben Fry和Casey Reas发起。它基于Java封装的一个图形库，并单独提供了开发环境PDE（Processing Development Environment）。通过PDE可以非常简单和快速地构建图形程序和交互程序，再加上丰富的学习资源和其他开发者提供的实用库，使其成为许多艺术家、设计师、程序员、学生等创意人员使用的常用创意编程工具之一。

下载Processing：https://processing.org/download/

打开Processing，编辑代码，如下图所示。

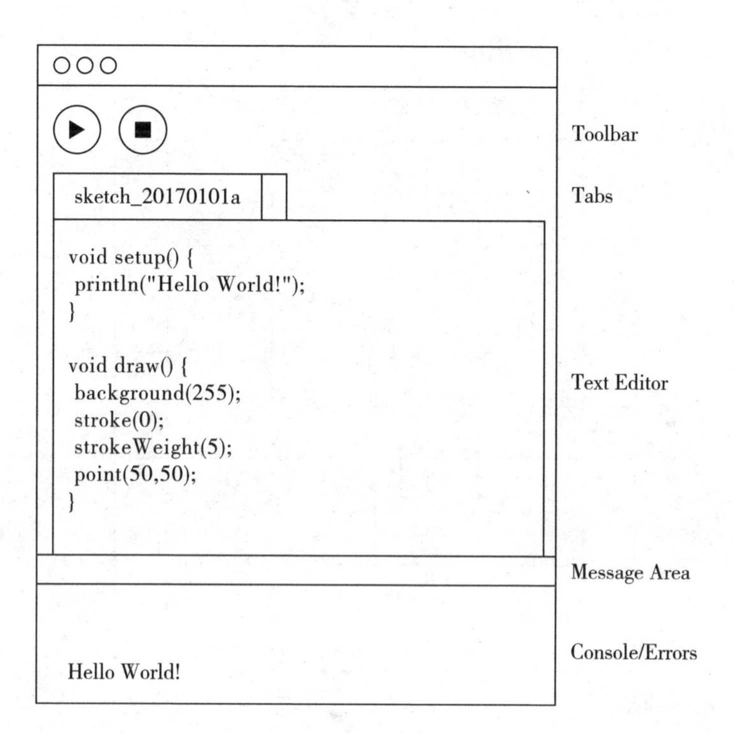

- Toolbar：工具栏包含运行和停止按钮，点击运行按钮（三角形）可以执行代码，并弹出如下图所示窗口，该窗口用于显示程序生成的图像，在Processing中坐标系的原点在左上角，y轴负方向为正。点击停止按钮（方形）可以关闭执行程序和窗口。
- Tabs：标签栏用于切换、新建、删除、重命名标签，新建标签会在程序根目录创建一个以标签名命名的.pde类型文件。可以通过创建新标签扩充代码编辑区域或为程序添加新的类。
- Text Editor：代码编辑区域用于编写所有的程序代码。
- Message Area：消息区显示程序编译错误和提示信息。
- Console/Errors：输出区显示程序运行错误和输出信息。

运行代码，结果如下图所示。

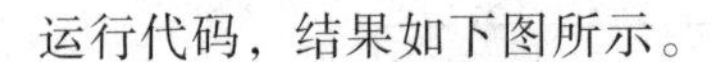
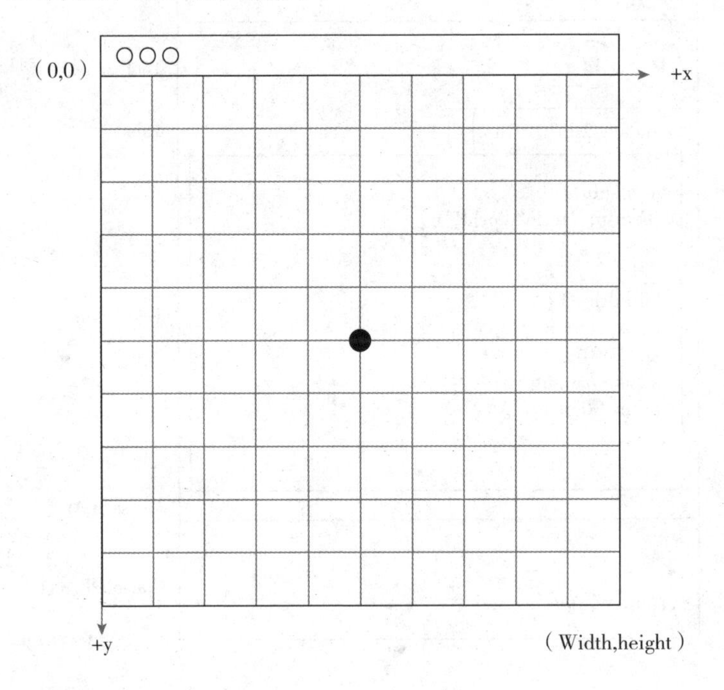

Processing编程机制

接下来我们具体了解一下Processing PDE的编程机制，这有助于更好地使用它。在Processing中，一个应用程序相当于一个Sketch，在新建一个Sketch的时候会自动生成一个文件夹和一个与文件夹同名的.pde文件，这个.pde文件相当于创建了一个类，它继承于PApplet类，类名为文件名，可以通过如下语句输出类名。

```
println(this.getClass().getName());
```

setup()函数

在代码编辑区创建setup()函数，相当于重载了父类PApplet的setup()方法，程序在运行时会自动调用一次这个函数。一般会在setup()函数中做一些初始化设置工作，例如画面大小、渲染模式、帧速率等。下面的语句在程序运行时自动调用一次setup()函数，并输出信息。

```
void setup() {
  println("CREATIVE CODING");
}
```

在代码编辑区创建自定义函数相当于给主类添加了一个新的方法，可以在其他函数体中调用这个函数。例如自定义一个creativeCoding()函数，让它输出指定信息，然后在setup()函数中调用它。

```
void setup() {
  creativeCoding();
}

void creativeCoding() {
  println("CREATIVE CODING");
}
```

在程序中使用class关键字创建类

这相当于在主类中创建了一个内部类，有关内部类的使用方法可以参考Java语法。通常通过新建标签来创建新的类，类和标签同名。如下程序新建了一个标签并创建了一个CreativeCoding类，并在setup()函数中通过new关键字创建CreativeCoding类的实例。

```
//CreativeCoding 标签
class CreativeCoding {
  CreativeCoding() {
    println("CREATIVE CODING");
  }
}

void setup() {
```

```
  CreativeCoding creativeCoding = new CreativeCoding();
}
```

从外部加载数据

如果想从外部加载数据文件到程序，需要在Sketch根目录新建一个data文件夹，把要加载的数据放入文件夹，然后在程序中通过调用加载数据的相关函数加载数据。例如在data文件夹内有一个“data.txt”文件，文件包含“CREATIVE CODING”一行文字，在setup()函数中可以通过loadString()函数加载它。

```
void setup() {
  String[] data = loadStrings( “data.txt” );
  println(data[0]); //CREATIVE CODING
}
```

draw()函数

在程序中添加draw()函数，可以实现循环更新。添加draw()函数相当于重载了主类的draw()方法，程序运行时会以每秒指定次数来调用draw()函数。可以使用frameRate()函数来设置更新频率，默认为每秒60次。通过draw()函数可以构建实时动画和交互程序，在如下程序中，鼠标移动时会基于鼠标位置绘制指定文字。本书将在声音可视化部分用这种结构构建程序。

```
void setup() {
  size(1000, 1000);
  background(255);
  textAlign(CENTER, CENTER);
  fill(0);
}

void draw() {
  text( “CREATIVE CODING” , mouseX, mouseY);
}
```

第一段Processing代码

本书大部分内容为静态图形输出，你也可以在这些程序基础上发展为动画或交互程序。为了方便输出和代码管理，有关静态图形的大部分实例使用如下代码结构来构建程序。程序会把图形输出为JPG格式和PDF格式，PDF格式有利于在创作图形的时候，可以先用程序生成图形结构，然后把输出的PDF文件导入到矢量软件中继续加工图形。在setup()函数中包含了文件存储和图形绘制模式的预设，另外还调用了一个自定义的render()函数，本书将在每个实例程序的render()函数中编写创建图形的代码。

```
import processing.pdf.*;  //导入PDF库
void setup() {
  String filename = this.getClass().getName();     //获取文件名
  beginRecord(PDF, filename + “.pdf”);       //创建PDF
  size(1000, 1000);        //画面大小为1000×1000像素
  ellipseMode(RADIUS);     //设置椭圆绘制模式为半径模式
  rectMode(CORNERS);       //设置矩形绘制模式为对角点模式
  background(255);         //设置背景色为白色
  stroke(0);               //设置描边颜色为黑色
  noFill();                //设置为无填充
  render();
  endRecord();             //存储PDF
  saveFrame(filename + “.jpg”); //存储JPG
}

//自定义render函数
void render() {
  textAlign(CENTER, CENTER);
  textSize(60);
  fill(0);
  text(“CREATIVE CODING”, width/2, height/2);
}
```

导入实用库

上面的代码第一行import语句，用于导入相关的库，因为PDF输出需要用到相关库，所以需要import语句来导入库，PDF库是Prcoessing自带的一个库，不需要下载添加。但是如果用到其他不被包含的实用库，就需要自行下载添加。下面给Processing添加一个Sound库，Sound库是本书唯一用到的外部库文件，它提供了最基本的声音播放、分析和生成功能，由Casey Reas开发。本书会在最后一章声音可视化的内容中用到这个库。安装方法如下：

① 菜单栏：Sketch -> Import Library -> Add Library

② 弹出窗口：Contribution Manager -> Libraries

③ 搜索安装：Filter: Sound -> Install

每种程序语言、框架、库都有自己的API（Application Programming Interface）文档，可以让开发者很好地了解整个开发环境的架构，方便快速查找各功能模块。Processing也有相关的API参考（https://processing.org/reference/），包含所有关键字、函数、类的使用说明，并且提供了相应的代码实例，可以快速了解和查找Processing的各个功能模块的使用方法。

2

点 POINT

点在几何学中没有大小，只有位置，它的维度为零，用一组有序数对来表示，它是几何图形最基本的组成部分。在形态学中，点不仅有位置，还有大小、形状、颜色、肌理等属性，它具有相对性，通过和所在图形空间中的其他元素对比形成。点沿着一条路径排列会形成线，间隔越小、排列越密集，线的感觉会越强烈。点在一个平面封闭区域内密集排列会形成面，不同的边界和分布会形成不同的面。点沿着路径运动也会形成线，根据路径和运动方式的不同会形成不同的线。在计算机中，点可以是几何意义上的点，也可以是屏幕上的一个像素，或者是任何形状、颜色的小图形。

创建Point类

为了更好地在画面中绘制和操作多个点，我们把点的几何属性和运算抽象成一个Point类来表示，如点的位置坐标分量、计算两点之间的距离、点围绕另一点旋转等。而绘制点所用到的其他形态属性和方法可以用一个VisualPoint类来封装，如点的大小、颜色、更新、绘制等，并且让VisualPoint类继承Point类，继承Point类的所有几何属性和方法，这样就可以用VisualPoint类创建的实例访问和调用自己以及父类Point的属性和方法，这样做有利于抽象分离关键代码和之后对代码的复用。如右图所示。

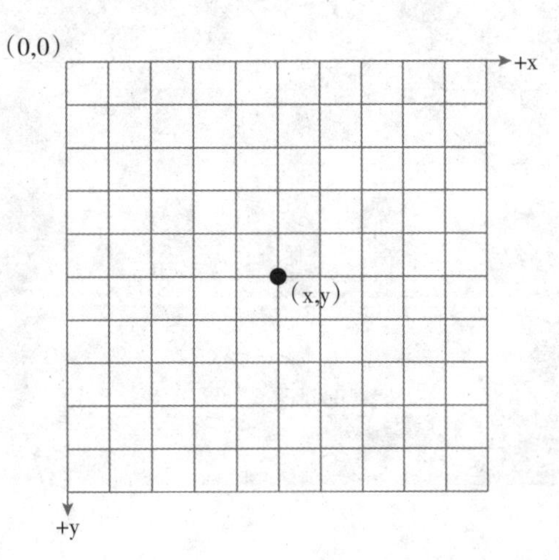

下面是初步创建的Point类，包含x、y两个坐标属性，通过构造函数传入值来初始化这两个属性。同时还包含一个重载的构造函数（不需要传入参数），在函数体内会将x、y默认设置为0。另外，还包含一个copy()方法，返回Point实例的一个复本。

```
class Point {
  float x, y;                    //x, y坐标属性

  Point(float x, float y) {
    this.x = x;
    this.y = y;
  }
  Point() {                      //构造函数重载
    x = 0;
    y = 0;
  }

  Point copy() {
    return new Point(x, y);      //返回一个复本
  }
}
```

然后再创建一个Point的子类VisualPoint类，通过extends关键字实现继承。VisualPoint类继承了Point类的属性和方法，并在类中添加了w（大小）和c（颜色）属性，还有用于在画面中绘制点的display()方法。在Processing中可以通过point()函数在画面中绘制一个点，点的位置使用x、y参数来指定，注意坐标原点在左上角，y轴负方向为正。在绘制之前可以用stroke()和strokeWeight()函数分别设置点的颜色和大小，颜色可以直接设置为明度值，或分别设置红、绿、蓝、不透明度四个分量，点的大小为点的直径长度。

```
classVisualPoint extends Point {
  float w;       //大小
  color c;       //颜色
```

```
  VisualPoint(float x, float y, float w, color c) {
    super(x, y); //把x、y参数传递给父类Point的构造函数
    this.w = w;
    this.c = c;
  }

  void display() {
    stroke(c);         //设置颜色
    strokeWeight(w);  //设置大小
    point(x, y);       //绘制点
  }
}
```

接着在render()函数体中，通过for循环和new关键字在画面坐标系中创建1000个点，每个点的位置、大小和颜色均为随机，使用random()函数可以返回一个在指定区间的随机数。所有点都事先存储在了数组中，通过for循环遍历所有点，并用VisualPoint类的display()方法绘制所有点。

```
void render() {
  VisualPoint[] points = new VisualPoint[1000]; //创建数组，个数为1000
  for (inti=0; i<points.length; i++) {
    float x = random(width);   //随机x坐标，0到画面宽度之间
    float y = random(height); //随机y坐标，0到画面高度之间
    float w = random(1, 20);   //随机大小，1到20之间
    color c = color(random(200)); //随机明度，0到200之间
    points[i] = new VisualPoint(x, y, w, c);    //创建点
  }

  for (VisualPoint p : points) p.display();    //遍历每个点，并绘制
}
```

运行结果如下图所示。

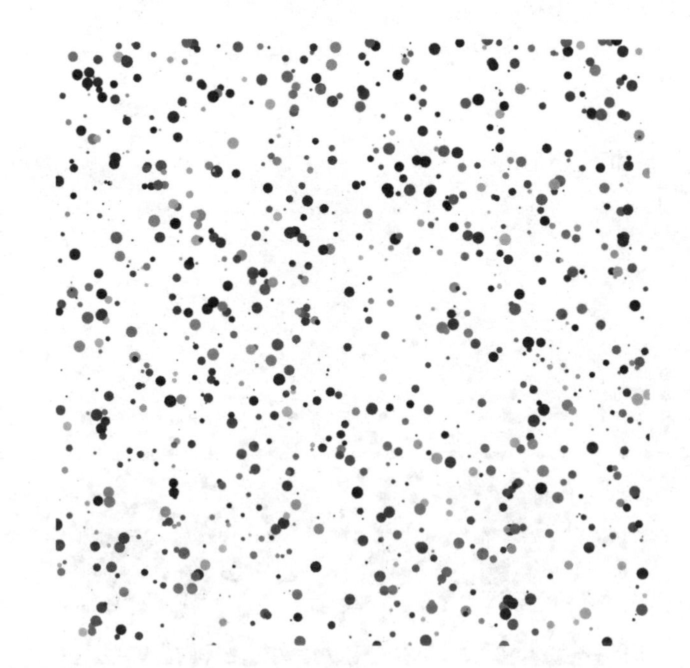

上面创建的图形通过随机位置生成点，点出现在画面某个位置上的概率是相同的，所以得到了一个均匀分布在画面中的1000个点。我们可以把随机数通过幂函数来进行变换，得到不均匀的分布，使用random(1)生成0到1之间的随机数，然后用pow()函数对随机数进行转换，得到一个0到1之间的数值，最后再通过map()函数把刚才的运算结果映射为需要的区间值。例如下面的程序对y坐标的生成用幂函数做了改变，生成从下到上、由密到疏的点。

```
void render() {
  VisualPoint[] points = new VisualPoint[1000];

  for (inti=0; i<points.length; i++) {
    float x = random(width);
    float random = pow(random(1), .2);          //用幂函数转换随机数
    float y = map(random, 0, 1, 0, height);    //对随机值进行映射
    float w = random(1, 20);
    color c = color(random(200));
    points[i] = new VisualPoint(x, y, w, c);
  }
```

```
  for (VisualPoint p : points) p.display();
}
```

运行结果如下图所示。

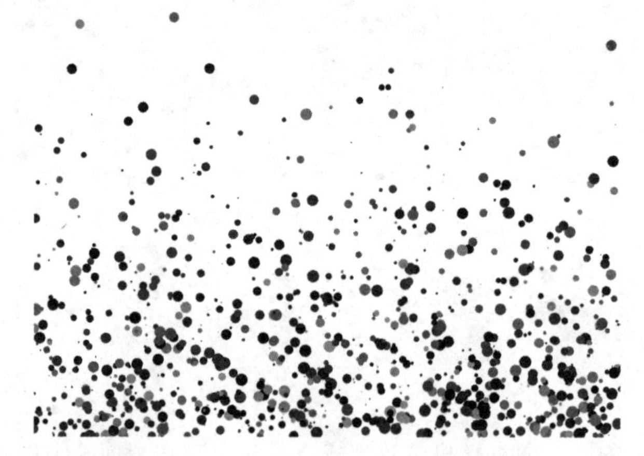

还可以把所有随机生成的点都限制在一个大的圆内。可以在创建点的时候，生成随机角度和半径，再通过三角函数计算每个点的x、y坐标达到目的。下图为根据半径和弧度求圆上一点的坐标公式。

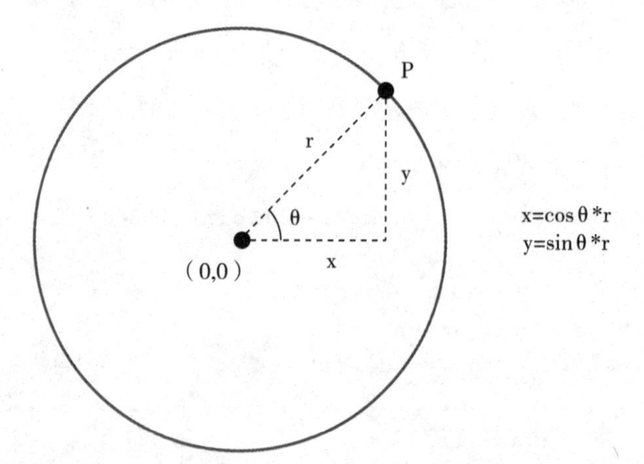

首先生成随机角度，因为在Processing中，三角函数使用弧度来计算，所以需要生成0到TAU之间的数（TAU常数表示两倍圆周率）。然后以大

圆的半径为上限生成随机半径，再用cos()、sin()函数分别计算点的x、y坐标。因为画面的坐标原点默认在左上角，所以在绘制所有点的时候还需用translate(width/2, height/2)把坐标系原点移动到画面中心位置。

```
void render() {
  VisualPoint[] points = new VisualPoint[1000];

  for (inti=0; i<points.length; i++) {
    float radian = random(TAU);          //随机弧度
    float radius = random(450);          //随机半径
    float x = cos(radian) * radius;      //通过弧度和半径计算x坐标
    float y = sin(radian) * radius;      //通过弧度和半径计算y坐标
    float w = random(1, 20);
    color c = color(random(200));
    points[i] = new VisualPoint(x, y, w, c);
  }

  translate(width/2, height/2);
  for (VisualPoint p : points) p.display();
}
```

运行结果如下图所示。

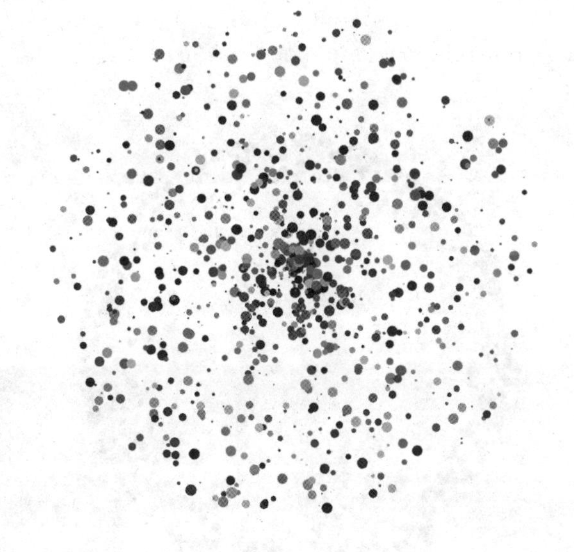

可以发现上面程序生成的点在圆内的分布并不均匀，这是因为在不同半径的同心圆内，点出现的概率相同，所以就会出现中间密集、越向外越稀疏的情况。可以通过对生成半径的随机数开方来解决这个问题，开方相当于1/2次方。运行结果如下图所示。

```
float radius = pow(random(1), .5) * 450;
```

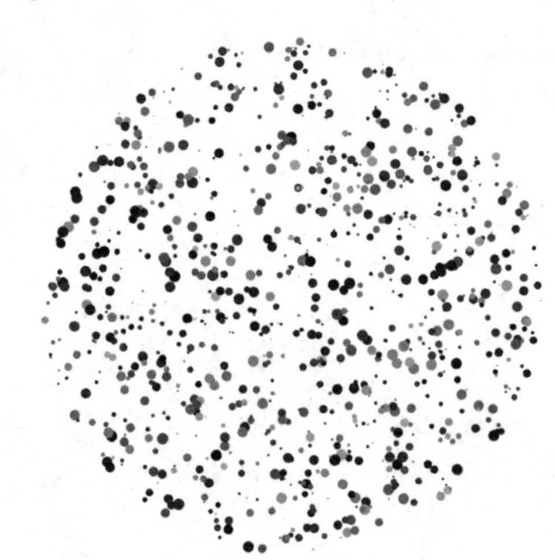

当然你也可以通过指定不同的指数来达到不一样的分布效果，例如把指数设置为 0.1。运行结果如下图所示。

```
float radius = pow(random(1), .1) * 450;
```

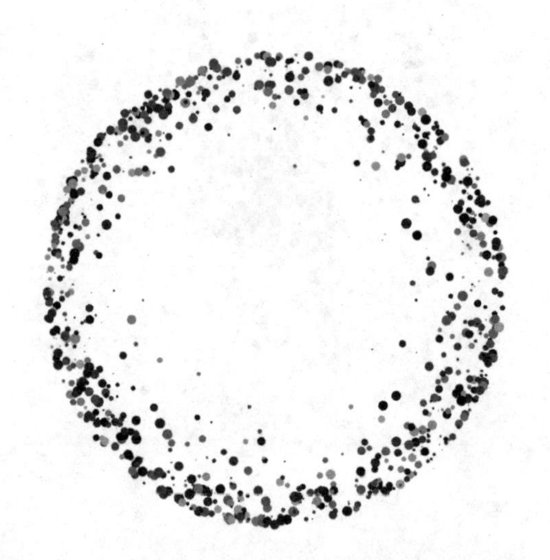

接下来把点按行和列规则排列成一个矩阵，通过双重for循环来实现，并且判断每个点的编号是否为偶数。如果是偶数，把点的大小设置为10，明度设置为0。如果不是偶数，大小设置为5，明度设置为150。运行结果如下图所示。

```
void render() {
  int col = 49;              //行数
  int row = 49;              //列数
  VisualPoint[] points = new VisualPoint[col*row];

  float margin = 50;         //边距
  int index = 0;             //点索引
  for (inti=0; i<row; i++) {
    for (int j=0; j<col; j++) {
      float x = map(j, 0, col-1, margin, width-margin);
      float y = map(i, 0, row-1, margin, height-margin);
      float w = 5;
      color c = color(150);
      if (index%2==0) {      //判断是否为偶数
        w = 10;
        c = color(0);
      }
      points[index] = new VisualPoint(x, y, w, c);
      index++;
    }
  }

  for (VisualPoint p : points) p.display();
}
```

除了把点按矩阵排列，还可以让点在指定圆内规则排列。点在圆内均匀规则排列稍微有些复杂，可以把点按顺序放在等间隔半径的同心圆上，但是如果每个同心圆上的点的数量相同的话，会产生不均匀分布，因为不管大的半径或小的半径的同心圆，点的数量都相同，这会使小的半径同心圆上的点看起来比较密集，这样就会产生中间密集、外面松散的情况。解决这个问题可以让点在同心圆上按照等弧长间隔排列，首先让点在最内层的第一个同心圆上按等弧长排列，如果累积弧长超过周长表示第一个同心圆的点已经排满，如果排满，增加同心圆半径转移到第二个同心圆继续排列，重复上面的步骤，直到所有点排满为止。下面的算法做了一些改进，在同心圆上开始排列所有点之前，通过周长和指定弧长间距计算点的个数，然后逐个排列点，当满足个数以后移动到下一个同心圆继续排列。

```
void render() {
  ArrayList<VisualPoint> points = new ArrayList<VisualPoint>();
  float radius = 10; //初始半径
  float radian = 0;  //初始弧度
  float arc = 20;    //弧长间距
  int count = 0;     //计数

  while (radius<450) {
    float x = cos(radian) * radius;
    float y = sin(radian) * radius;
    float w = random(1, 15);
    color c = color(random(200));
    VisualPoint p = new VisualPoint(x, y, w, c);
    points.add(p);

    int n = int(TAU*radius / arc); //通过周长和弧长间距计算点的个数
    radian += TAU/n;               //弧度累加
    count++;                       //计数加1
    if (count==n) {                //判断是否排满
      radian = 0;                  //弧度归零
      count = 0;                   //计数归零
```

```
        radius += 20;                    //半径增加
      }
    }

    translate(width/2, height/2);
    for (VisualPoint p : points) p.display();
  }
```

运行结果如下图所示。

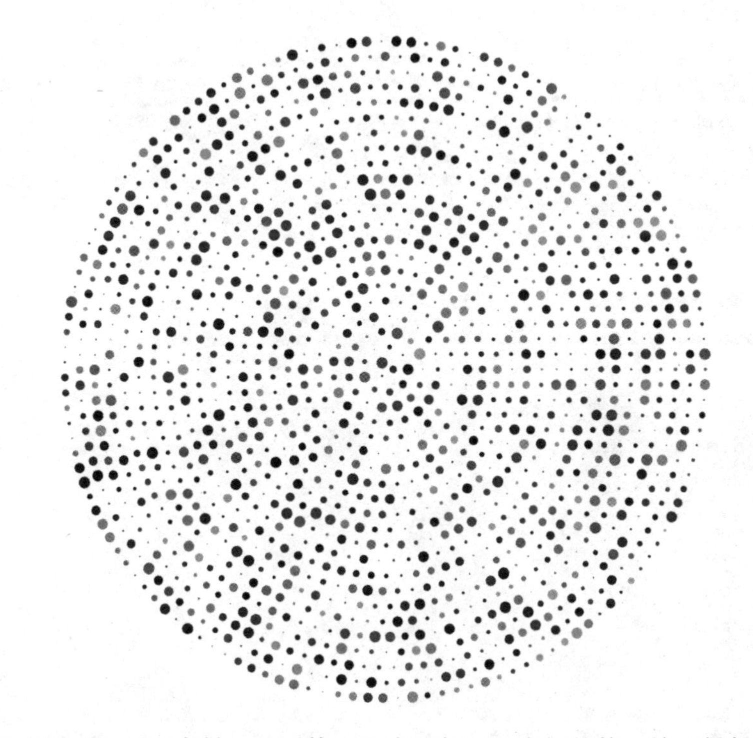

现在对上面的程序做一些延伸，生成2到10000之间的数，并且判断每个数是否为质数（质数是指除了1和它本身以外不再有其他因数）。如果是质数，把点的大小设置为10、明度设置为0；如果不是，大小设置为5、明度设置为150。判断一个数是否为质数，这里把它封装成了prime()函数，通过判断是否能被2到它1/2倍加1之间的数整除来实现（当然你也可以自己实现一个判断质数更高效的算法）。

```
void render() {
  ArrayList<VisualPoint> points = new ArrayList<VisualPoint>();

  float radius = 300;
  float radian = 0;
  float arc = 20;
  int count = 0;

  for (inti=2; i<=1000; i++) {
    float x = cos(radian) * radius;
    float y = sin(radian) * radius;
    float w = 5;
    color c = color(150);
    if (prime(i)) {
      w = 10;
      c = color(0);
    }
    VisualPoint p = new VisualPoint(x, y, w, c);
    points.add(p);

    int n = int(TAU*radius / arc);
    radian += TAU/n;
    count++;
    if (count==n) {     //判断是否为质数
      radian = 0;
      count = 0;
      radius += 20;
    }
  }

  translate(width/2, height/2);
  for (VisualPoint p : points) p.display();
}

//质数判断函数
boolean prime(int number) {
  boolean result = true;
  for (inti=2; i<number/2+1; i++) {
```

```
    if (number%i==0) {
      result = false;
      break;
    }
  }
  return result;
}
```

运行结果如下图所示。

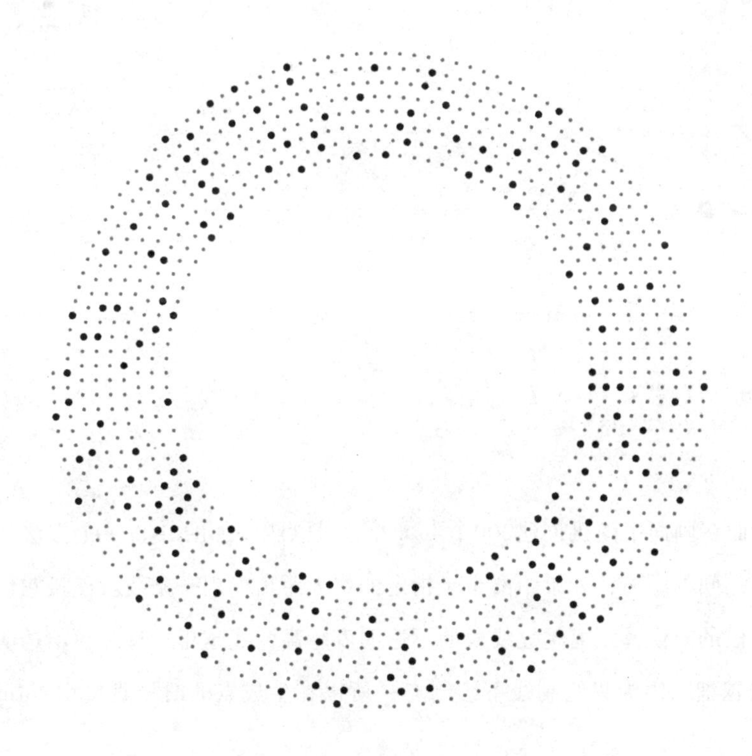

扩展Point类

我们在之前创建了Point类，包含x、y两个属性和一些方法，接下来扩展Point类，给它添加一些关于点运算的方法。首先添加一个计算两点之间距离的distance()方法，调用distance()方法可以返回点与点之间的距离。计算点与点之间的距离，可以通过勾股定理来实现，勾股定理需要开方计算，在Processing中可以使用sqrt()函数对一个数进行开方。距离公式和distance()方法实现如下。

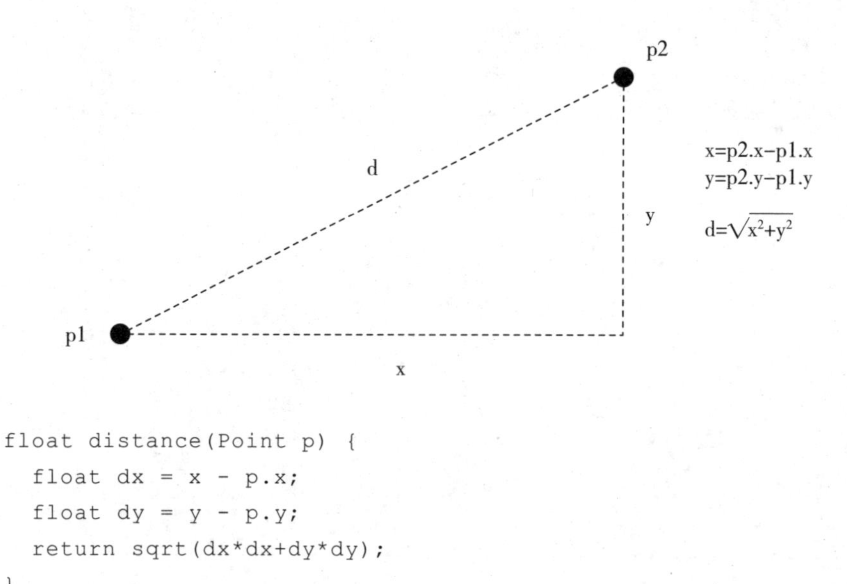


```
float distance(Point p) {
  float dx = x - p.x;
  float dy = y - p.y;
  return sqrt(dx*dx+dy*dy);
}
```

下面在画面中随机创建200个点，并通过刚刚添加的distance()方法计算每两个点之间的距离，如果距离小于指定的最大距离，用一条线段连接它们。在绘制线段的时候，距离越短线段的不透明度越高，线越粗；反之，不透明度越低，线越细。因为只绘制线不绘制点，所以在生成点的时候直接用Point类来实例化。

```
void render() {
  Point[] points = new Point[200];
  for (inti=0; i<points.length; i++) {
    points[i] = new Point(random(width), random(height));
  }

  float maxDistance = 300; //最大距离
```

```
  for (inti=0; i<points.length; i++) {
    Point a = points[i];
    for (int j=i+1; j<points.length; j++) {
      Point b = points[j];
      float d = a.distance(b);       //计算点到点的距离
      if (d <maxDistance) {          //判断距离是否小于最大距离
        float alpha = map(d, 0, maxDistance, 255, 0);
                   //把距离映射为线段不透明度
        float weight = map(d, 0, maxDistance, 2, 0);
                   //把距离映射为线段宽度
        stroke(0, alpha);
        strokeWeight(weight);
        line(a.x, a.y, b.x, b.y); //绘制线段
      }
    }
  }
}
```

运行结果如下图所示。

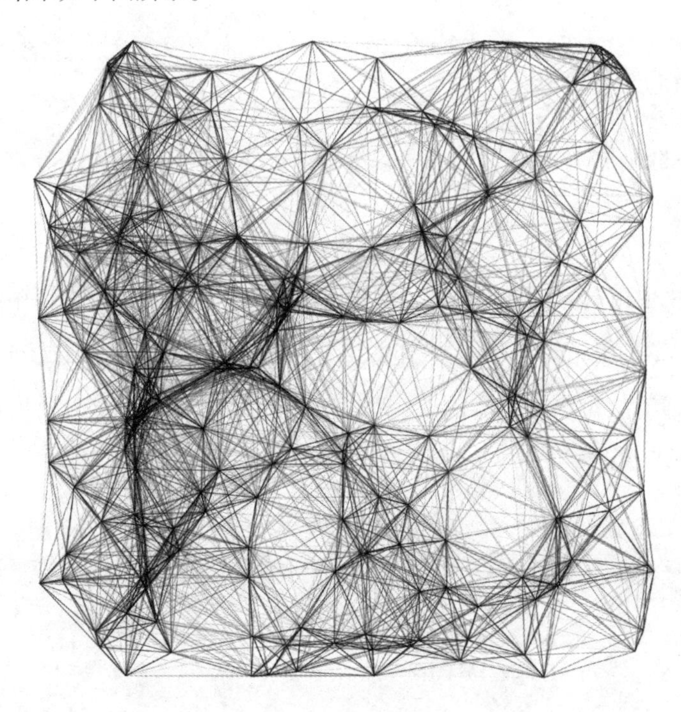

继续为Point类添加一个rotate()旋转方法，该方法可以让点以指定点为中心，以指定弧度旋转，这里通过坐标旋转公式来实现，坐标旋转公式和rotate()方法如下。

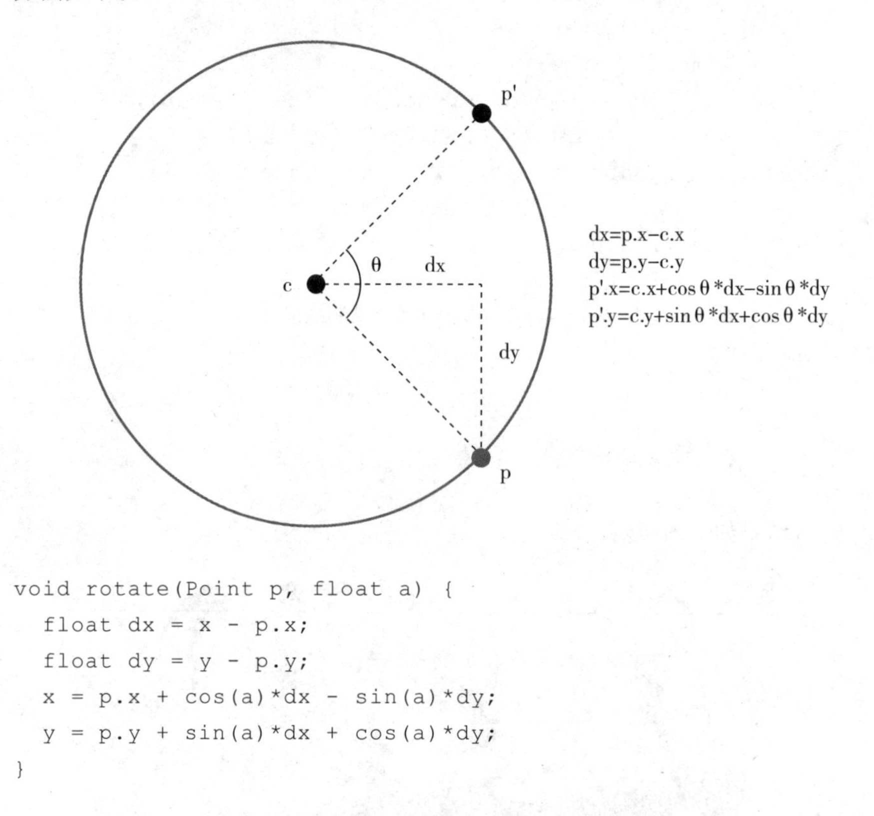


```
void rotate(Point p, float a) {
  float dx = x - p.x;
  float dy = y - p.y;
  x = p.x + cos(a)*dx - sin(a)*dy;
  y = p.y + sin(a)*dx + cos(a)*dy;
}
```

接下来使用点的rotate()旋转方法生成图形，下面的程序在画面中随机创建了1000个VisualPoint实例，并另外创建了一个center中心点。通过for循环更新每个点的位置，每次更新都让每个点以center点为中心旋转0.01弧度，并绘制它。重复100次。

```
void render() {
  VisualPoint[] points = new VisualPoint[1000];
  for (inti=0; i<1000; i++) {
    float x = random(width);
    float y = random(height);
```

```
    float w = random(1, 3);
    color c = color(random(200));
    points[i] = new VisualPoint(x, y, w, c);
  }

  Point center = new Point(width/2, height/2); //创建中心点
  for (int time=0; time<100; time++) {
    for (inti=0; i<points.length; i++) {
      points[i].rotate(center, .01); //以center为中心旋转点
      points[i].display();
    }
  }
}
```

运行结果如下图所示。

我们还可以在旋转的基础上，让图形变得更有意思一些，例如，可以让每个点都以下一个点为中心点进行旋转，而最后一个点以第一个点进行旋转，这样就得到一个基于非线性规则变化生成的图形。

```
void render() {
  VisualPoint[] points = new VisualPoint[1000];
  for (inti=0; i<1000; i++) {
    float x = random(width);
    float y = random(height);
    float w = random(1, 3);
    color c = color(random(200));
    points[i] = new VisualPoint(x, y, w, c);
  }

  for (int time=0; time<100; time++) {
    for (inti=0; i<points.length; i++) {
      int index = (i+1)%points.length;    //计算下一个点的索引
      points[i].rotate(points[index], .01); //以下一个点为中心进行旋转
      points[i].display();
    }
  }
}
```

运行结果如下图所示。

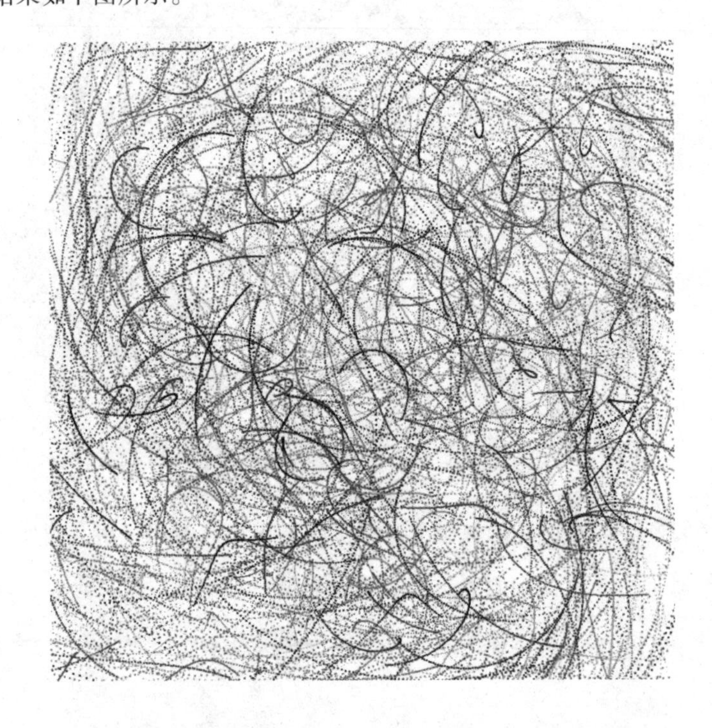

最后我们同时基于之前实现的距离规则和旋转规则来生成图形：在每次更新中，首先执行旋转规则更新点的位置，然后通过计算所有点的距离来生成线段，这里使用100个点。

```
  void render() {
    Point[] points = new Point[100];
    for (inti=0; i<100; i++) {
      float x = random(width);
      float y = random(height);
      points[i] = new Point(x, y);
    }
    floatmaxDistance = 300;
    for (int time=0; time<20; time++) {
    //旋转规则
      for (inti=0; i<points.length; i++) {
      int index = (i+1)%points.length;
      points[i].rotate(points[index], .01);
    }
    //距离规则
    for (inti=0; i<points.length; i++) {
      Point a = points[i];
      for (int j=i+1; j<points.length; j++) {
        Point b = points[j];
        float d = a.distance(b);
        if (d <maxDistance) {
          float alpha = map(d, 0, maxDistance, 255, 0);
          float weight = map(d, 0, maxDistance, 1, 0);
          stroke(0, alpha);
          strokeWeight(weight);
          line(a.x, a.y, b.x, b.y);
        }
      }
    }
  }
}
```

运行结果如下图所示。

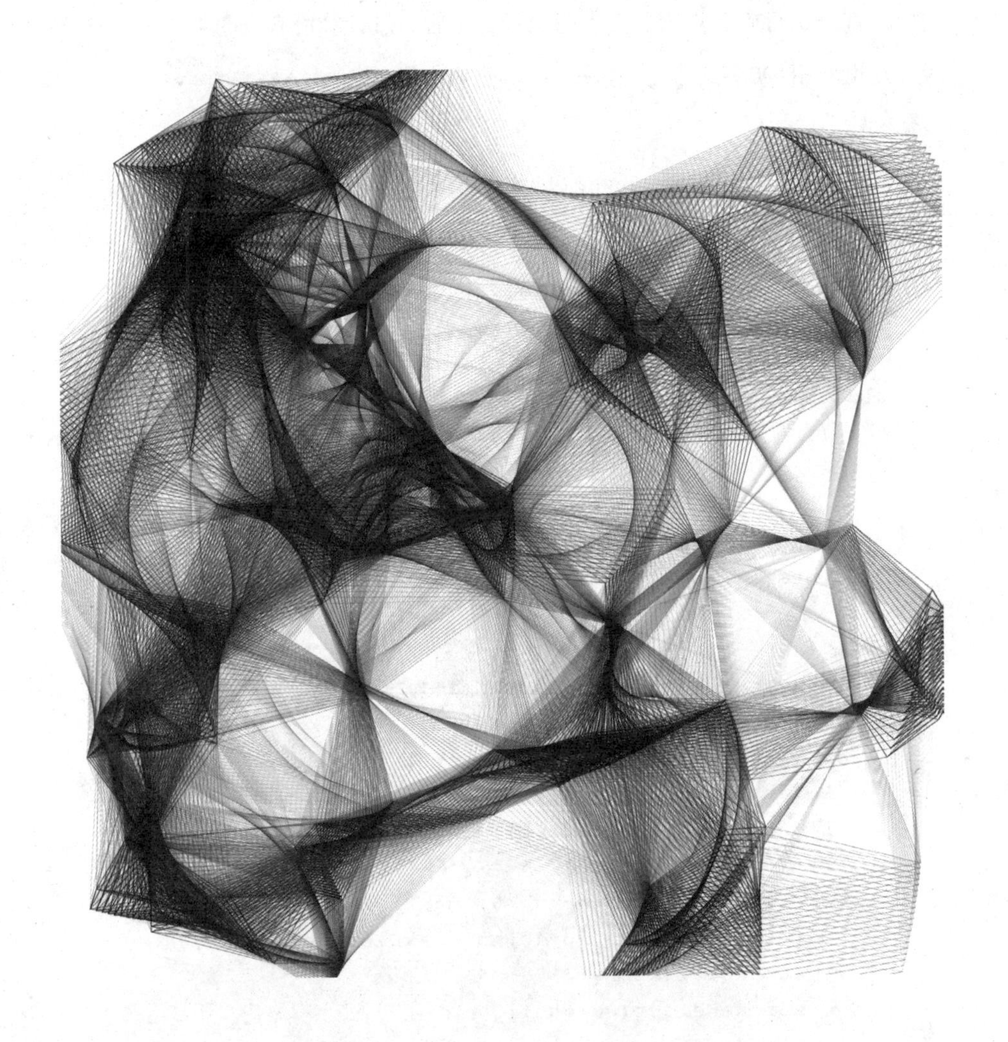

向量 VECTOR

向量具有大小和方向，可以用一个带箭头的线段来表示，线段长度为向量的大小，箭头所指方向为向量的方向。向量常常在物理学中用于描述位移、速度、加速度、力等。

> **提示**
>
> 这里需要区分两个概念，路程与位移：路程是标量，用来描述从起点到终点所经过的路径长度；而位移是矢量，是指起点到终点之间的直线距离和方向。还有速率和速度的区别：速率是标量，指速度的快慢，没有方向；而速度是矢量，既有大小也有方向。

在计算机图像学中，向量也被大量使用，如计算线段交点、点集凸包、表面法线、光线反射、光线跟踪、动力学模拟等。本章将学习向量的实现和应用。

创建向量类Vector

在Processing中已经创建了一个PVector向量类，但是为了让读者更好地理解向量以及向量的运算，并且可以很方便地移植到其他编程语言中，本章将重新创建一个二维Vector向量类，包含向量的x、y两个分量属性和一些常用的向量运算方法。这个向量类也作为后续章节中实现其他几何算法和力学模拟的基础，如下图所示。

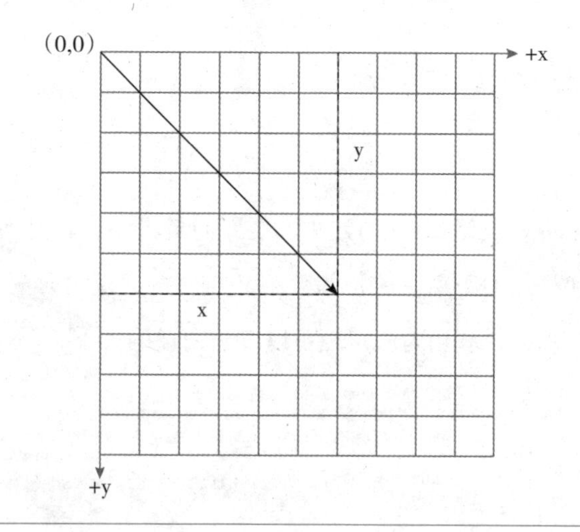

注意

值得注意的是Processing是基于Java语言实现，而Java语言不支持运算符重载，所以有关向量的运算不能像其他基础数据类型那样通过加减乘除等运算符来计算，只能使用函数调用的方式。另外，在实现Vector类的时候，所有方法都不改变原始向量，而是返回一个计算后的新向量。

① 首先构建一个初步的向量类Vector，和Point类一样包含x、y两个属性，通过构造函数初始化属性，同时也重载了构造函数，可以不传入参数，使用默认值0初始化属性。另外，还创建了copy()函数，返回向量的副本。

```
class Vector {
  float x, y;

Vector(float x, float y) {
  this.x = x;
  this.y = y;
}

Vector() {
  this.x = 0;
  this.y = 0;
}
```

```
  Vector copy() {
    return new Vector(x, y);
  }
}
```

② 接着为Vector类添加mag()方法，返回向量大小，也是向量的长度，它等于向量起点到终点的距离。向量的大小又叫向量的模，向量a的模记做|a|。类似Point求距离一样，利用勾股定理可以求出向量的大小。

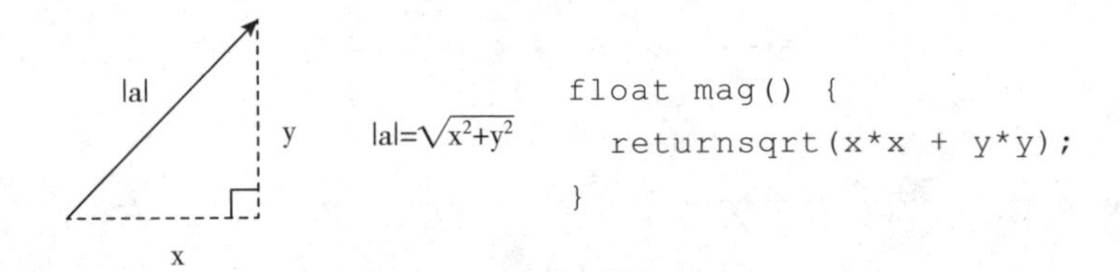

③ 添加heading()方法，该方法返回向量的方向，向量方向为向量的角度，数值为弧度，通过反正切函数atan2()求出。

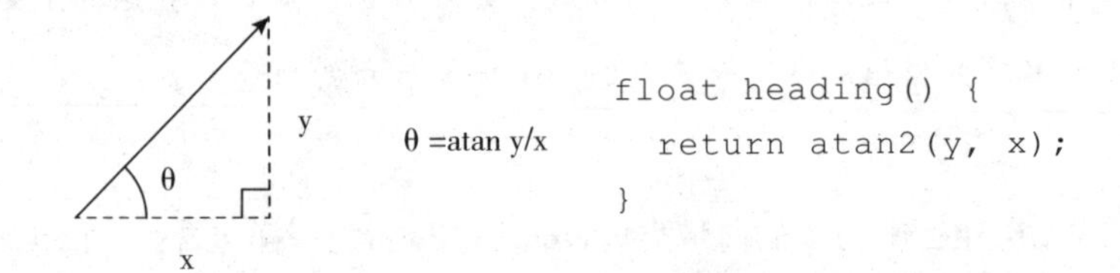

④ 添加add()方法实现向量加法，两个向量起点重合构成平行四边形的两条边，在平行四边形上以重合点为起点的对角线就是两个向量的和向量。向量的加法运算可以通过相加两个向量的分量实现，下面是add()方法的具体实现，同时对add()方法也进行了重载，可以传入坐标分量来实现加法。

```
Vector add(Vector v) {
  return new Vector(x+v.x, y+v.y);
}

Vector add(float x, float y) {
  return new Vector(this.x+x, this.y+y);
}
```

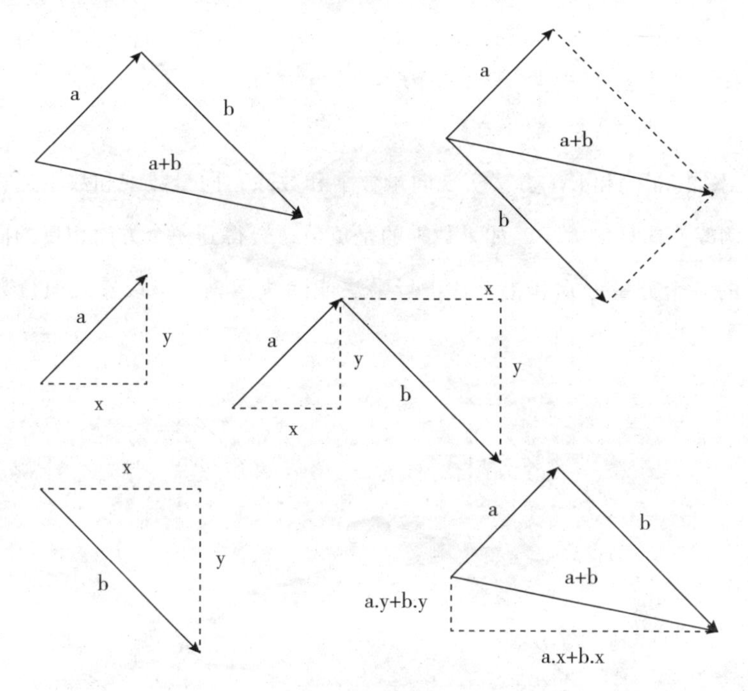

⑤ 添加sub()方法实现向量减法，和加法运算一样向量减法运算可以通过两个向量的各个分量相减来实现，下面是sub()方法的具体实现，这里也对sub()方法进行了重载。

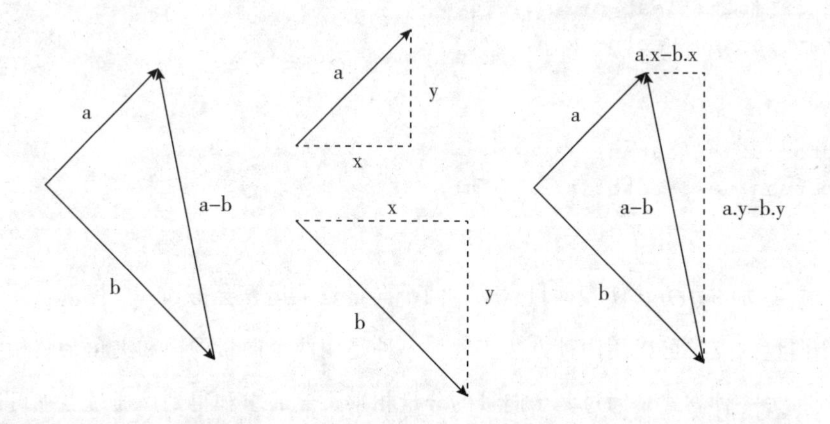


```
Vector sub(Vector v) {
  return new Vector(x-v.x, y-v.y);
}
```

```
Vector sub(float x, float y) {
  return new Vector(this.x-x, this.y-y);
}
```

⑥ 添加mult()和div()方法实现向量数乘和数除，向量数乘和数除运算会以指定比例改变向量的大小，如果数乘的是负数，会得到一个方向相反的向量。对向量的各个分量分别和指定数进行乘法或除法运算，可以实现向量数乘和数除。

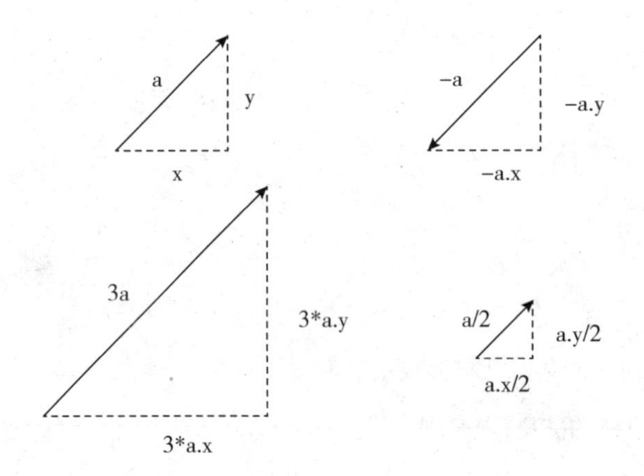


```
Vector mult(float n) {
  return new Vector(x*n, y*n);
}

Vector div(float n) {
  return new Vector(x/n, y/n);
}
```

⑦ 添加dot()方法实现向量点乘，两个向量点乘运算会得到一个标量，计算两个向量的点乘可以用两种方法实现：一种是用两个向量的模和夹角余弦相乘得到；另一种方式是通过两个向量的分量相乘，然后求和得到。通过点乘可以判断两向量的角度关系：如果点乘大于0，两向量夹角小于90°；如果点乘等于0，夹角为90°，两向量垂直；如果点乘小于0，两向量夹角大于90°。

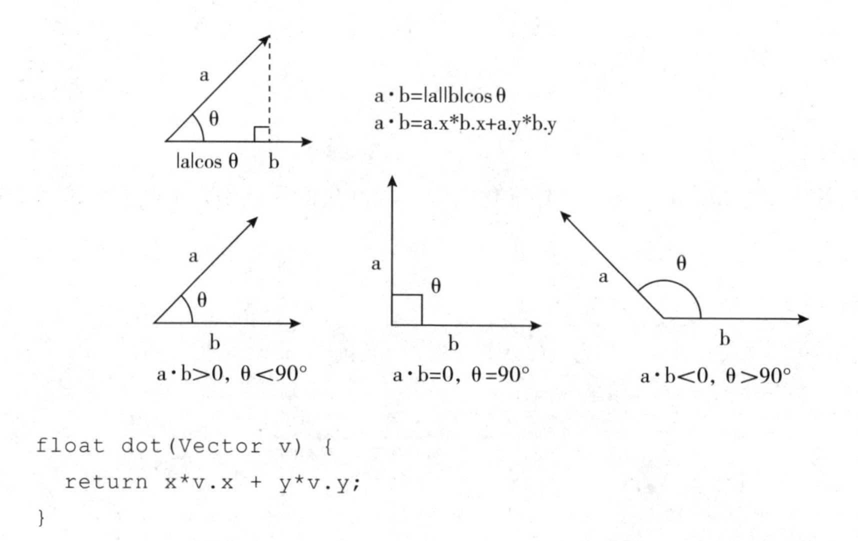


```
float dot(Vector v) {
  return x*v.x + y*v.y;
}
```

⑧ 添加cross()方法实现向量叉乘，二维向量叉乘运算返回一个标量，该值等于两向量构成的平行四边形面积，可以通过两向量的模和夹角正弦相乘得到，也可以通过两向量各分量交叉相乘的差得到。两向量的叉乘可以判断向量的位置关系：如下图如果叉乘小于0，向量a在向量b的逆时针方向；如果叉乘等于0，两向量平行；如果叉乘大于0，a在b的顺时针方向。

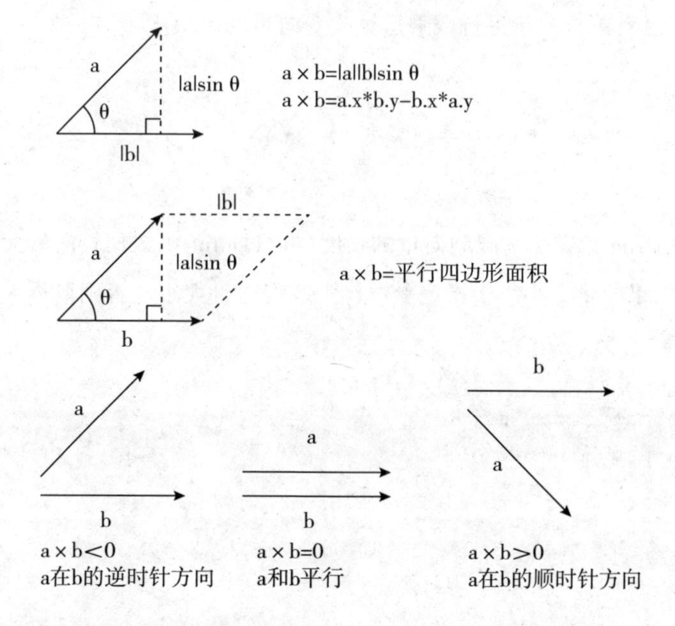

```
float cross(Vector v) {
  return x*v.y - v.x*y;
}
```

⑨ 添加normalize()方法返回标准化向量，标准化向量就是在不改变向量方向的情况下，把大小设置为1，它也叫作单位向量。可以通过向量数除自己的模来实现。

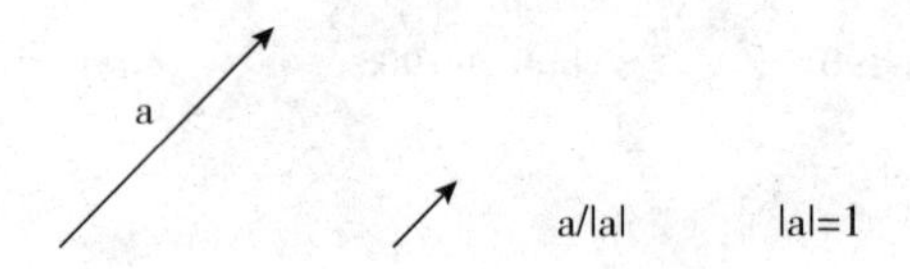


```
Vector normalize() {
  float m = mag();
  if (m != 0 && m != 1) return div(m);
  return copy();
}
```

⑩ 接下来重载之前添加的mag()方法，使mag()方法可以传入参数改变向量的大小。具体实现：先把向量标准化，也就是在不改变方向的情况下把大小设置为1，然后对单位向量进行数乘运算改变向量的大小。

```
Vector mag(float m) {
  return normalize().mult(m);
}
```

⑪ 添加limit()方法，限制向量的长度。通过min()函数比较向量大小和传入的参数：如果向量大小小于指定参数，不改变向量大小；否则取传入参数作为向量大小。

```
Vector limit(float m) {
  return mag(min(mag(), m));
}
```

⑫ 添加rotate()方法改变向量的方向，可以通过坐标旋转公式来改变向量的角度，角度参数数值为弧度。

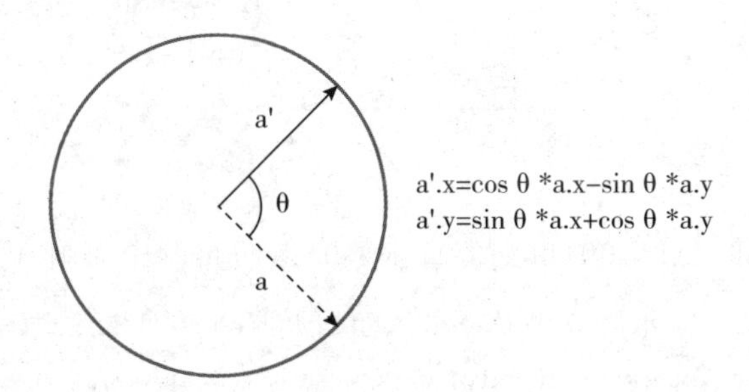


```
Vector rotate(float a) {
  Vector v = new Vector();
  v.x = cos(a)*x - sin(a)*y;
  v.y = sin(a)*x + cos(a)*y;
  return v;
}
```

⑬ 添加perpendicular()方法返回顺时针方向的垂直向量，垂直向量的x坐标等于原向量y坐标的负值，y坐标等于原向量x坐标值。

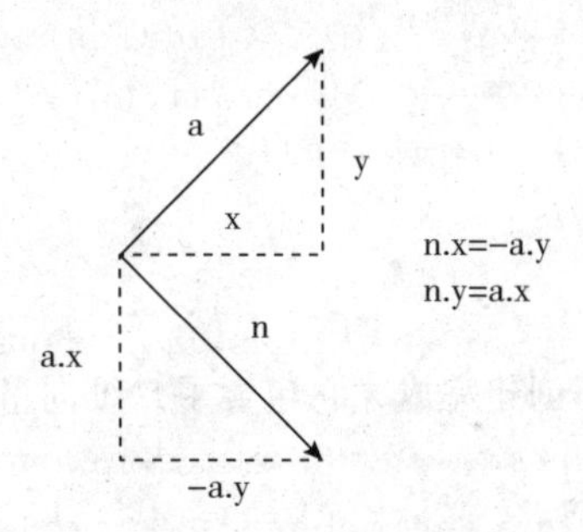


```
Vector perpendicular() {
  return new Vector(-y, x);
}
```

⑭ 添加distance()方法计算两个向量之间的距离，计算方式类似点到点的距离。

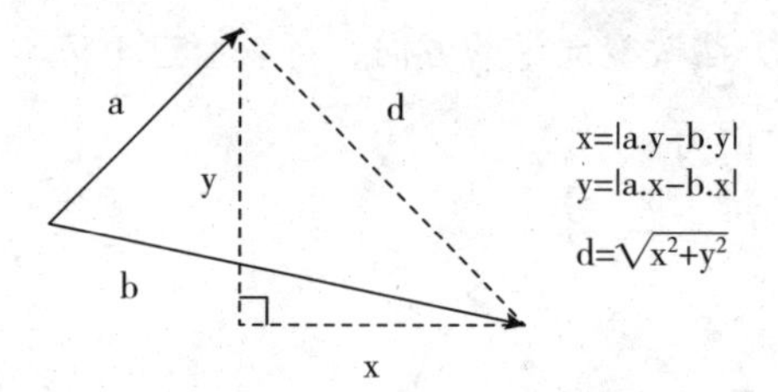


```
float distance(Vector v) {
  float dx = x-v.x;
  float dy = y-v.y;
  return sqrt(dx*dx + dy*dy);
}
```

⑮ 添加angleBetween()方法计算两个向量之间的夹角，计算两向量夹角通过点乘运算和反余弦函数acos()实现。

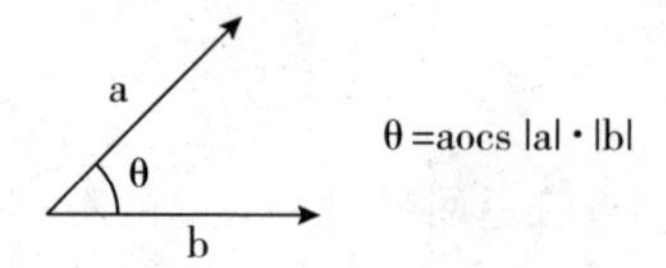


```
floatangleBetween(Vector v) {
  Vector a = copy().normalize();
  Vector b = v.copy().normalize();
  returnacos(a.dot(b));
}
```

⑯ 二维向量类Vector创建完成，它包含了二维向量常用的一些方法，下面是完整的Vector类。

```
class Vector {
  float x, y;

  Vector(float x, float y) {      //构造函数
    this.x = x;
    this.y = y;
  }
```

```
Vector() {                                    //构造函数（重载）
  this.x = 0;
  this.y = 0;
}

Vector copy() {                               //拷贝
  return new Vector(x, y);
}

float mag() { //大小
  return sqrt(x*x + y*y);
}

Vector mag(float m) {                         //设置大小
  return normalize().mult(m);
}

float heading() {                             //方向
  return atan2(y, x);
}

Vector add(Vector v) {                        //加
  return new Vector(x+v.x, y+v.y);
}

Vector add(float x, float y) {                //加（重载）
  return new Vector(this.x+x, this.y+y);
}

Vector sub(Vector v) {                        //减
  return new Vector(x-v.x, y-v.y);
}

Vector sub(float x, float y) {                //减（重载）
  return new Vector(this.x-x, this.y-y);
}

Vector mult(float n) {                        //数乘
```

```
    return new Vector(x*n, y*n);
  }

  Vector div(float n) {                       //数除
    return new Vector(x/n, y/n);
  }

  float dot(Vector v) {                       //点乘
    return x*v.x + y*v.y;
  }

  float cross(Vector v) {                     //叉乘
    return x*v.y - v.x*y;
  }

  Vector normalize() {                        //标准化
    float m = mag();
    if (m != 0 && m != 1) return div(m);
    return copy();
  }

  Vector limit(float m) {                     //限制大小
    return mag(min(mag(), m));
  }

  Vector rotate(float a) {                    //旋转
    Vector v = new Vector();
    v.x = cos(a)*x - sin(a)*y;
    v.y = sin(a)*x + cos(a)*y;
    return v;
  }

  Vector perpendicular() {                    //垂直
    return new Vector(-y, x);
  }

  float distance(Vector v) {                  //两向量距离
    float dx = x-v.x;
```

```
    floatdy = y-v.y;
    return sqrt(dx*dx + dy*dy);
  }

  float angleBetween(Vector v) {          //两向量夹角
    Vector a = copy().normalize();
    Vector b = v.copy().normalize();
    return acos(a.dot(b));
  }
}
```

构造Particle粒子类

接下来通过创建的向量，基于动力学构造一个Particle粒子类。Particle类包含位置、速度、加速度、质量和最大速度这几个属性。在每次更新粒子的时候都重新计算粒子的受力情况，并通过牛顿第二定律F = ma，a = F/m来计算粒子的加速度，其中F等于合力，m等于粒子质量，a等于粒子加速度，然后再让速度v加上加速度改变粒子的速度，最后用位置p加上速度来更新粒子的位置。为确保粒子不会无限度地增加速度，到达高速运动状态，我们用最大速率maxSpeed来限制粒子的最大速率。

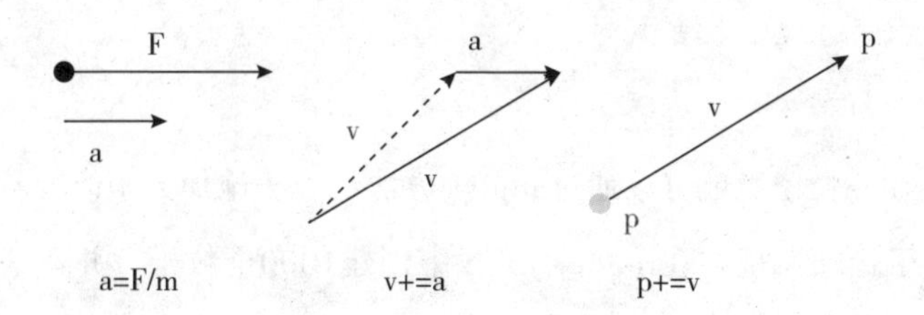


```
class Particle {
  Vector position; //位置
  Vector velocity; //速度
```

```
  Vector acceleration; //加速度
  float mass = 1;       //质量
  float maxSpeed = 1;  //最大速率

  Particle(float x, float y) {
    position = new Vector(x, y);
    velocity = new Vector();
    acceleration = new Vector();
  }

  void apply(Vector force) {
    acceleration = acceleration.add(force.copy().div(mass));
                             //根据力和质量求加速度
  }

  void update() {
    velocity = velocity.add(acceleration); //更新速度
    velocity = velocity.limit(maxSpeed);   //限制最大速度
    position = position.add(velocity);     //更新位置
    acceleration = acceleration.mult(0);   //加速度清零
  }

  //绘制粒子
  void display() {
    stroke(0);
    strokeWeight(1);
    point(position.x, position.y);
  }
}
```

有了Particle粒子类就可以通过apply()方法给粒子施加力来改变粒子的运动状态，控制粒子运动。现在在render()函数中创建1000个粒子，并让这些粒子迭代更新，每次迭代都让粒子附加一个随机力。

```
void render() {
  Particle[] particles = new Particle[1000];
  for (inti=0; i<particles.length; i++) {
```

```
    particles[i] = new Particle(random(width), random(height));
  }

  for (int time=0; time<1000; time++) {
    for (Particle p : particles) {
      float x = random(-1, 1);
      float y = random(-1, 1);
      Vector force = new Vector(x, y); //随机力
      p.apply(force); //施加力
      p.update();     //更新
      p.display();    //绘制
    }
  }
}
```

运行结果如下图所示。

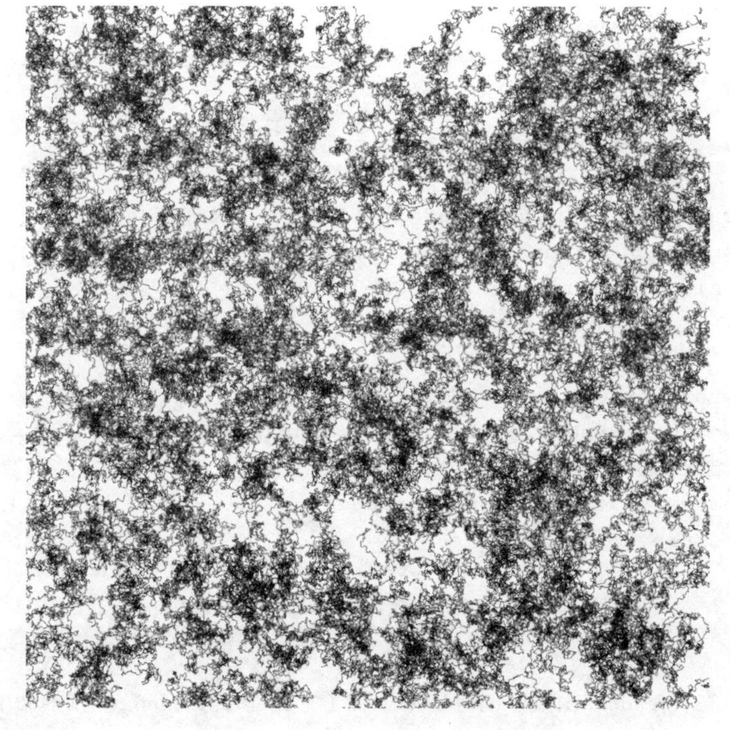

接着构建一个Attractor类，可以根据粒子的位置对粒子产生引力或斥力。

Attractor类包含两个属性：position属性为产生力的位置，magnitude属性为力的大小。force()方法基于粒子位置和Attractor位置返回一个计算后的力，如果magnitude为正数，该力的方向指向Attractor位置，产生引力；如果magnitude为负数，该力的方向指向Attractor位置的反方向，产生斥力。这里不管粒子与Attractor位置距离多远，力的大小都相同，你也可以修改force()函数，使力的大小随距离产生衰减。

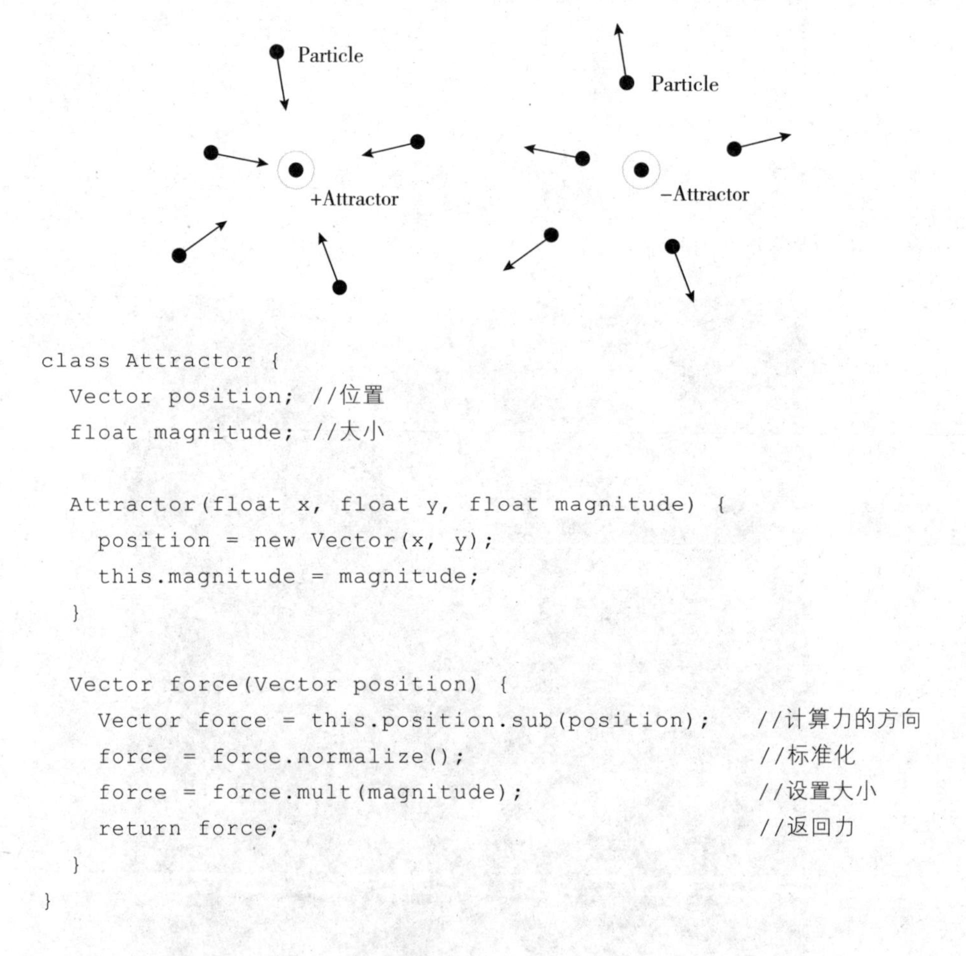


```
class Attractor {
  Vector position; //位置
  float magnitude; //大小

  Attractor(float x, float y, float magnitude) {
    position = new Vector(x, y);
    this.magnitude = magnitude;
  }

  Vector force(Vector position) {
    Vector force = this.position.sub(position);    //计算力的方向
    force = force.normalize();                     //标准化
    force = force.mult(magnitude);                 //设置大小
    return force;                                  //返回力
  }
}
```

现在在render()函数中创建1000个粒子，并基于Attractor类在画面中心位置创建一个引力点，让所有粒子向中心方向运动。

```
void render() {
  Particle[] particles = new Particle[1000];
  for (inti=0; i<particles.length; i++) {
    particles[i] = new Particle(random(width), random(height));
  }

  Attractor attractor = new Attractor(width/2, height/2, 1);

  for (int time=0; time<1000; time++) {        //迭代1000次
    for (Particle p : particles) {
      Vector force = attractor.force(p.position);    //计算引力
      p.apply(force); //应用力
      p.update();      //更新
      p.display();     //绘制
    }
  }
}
```

运行结果如下图所示。

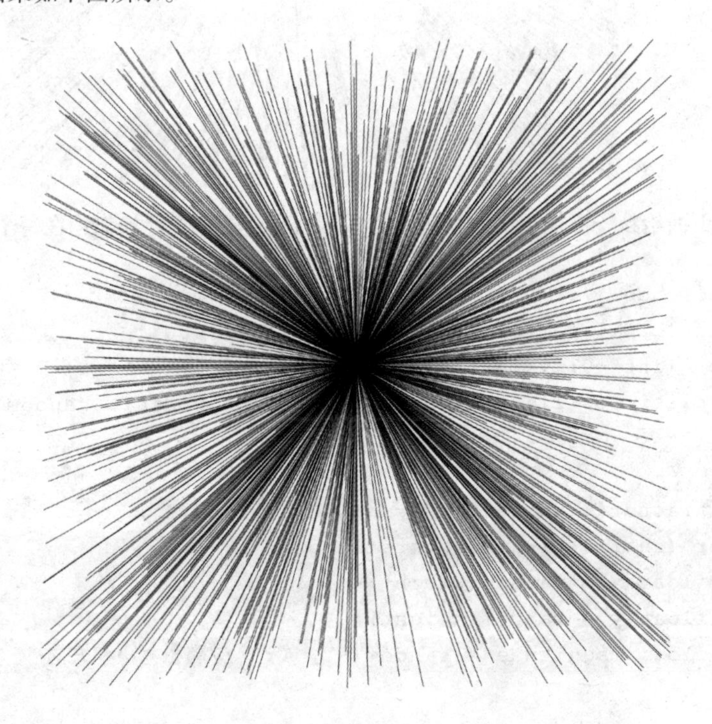

接着把刚才创建的引力改为斥力，实现方法很简单，只要改变Attractor实例的magnitude参数为负数就可以产生斥力。运行结果如下图所示。

```
Attractor attractor = new Attractor(width/2, height/2, -1);
```

下面给粒子添加更多的随机引力和斥力，让这些力叠加作用在每个粒子上。

```
void render() {
  Particle[] particles = new Particle[1000];
  for (inti=0; i<particles.length; i++) {
    particles[i] = new Particle(random(width), random(height));
  }

  Attractor[] attractors = new Attractor[4];
  for (inti=0; i<attractors.length; i++) {
    float x = random(width);
    float y = random(height);
    float magnitude = random(-1, 1); //随机大小和方向
```

```
      attractors[i] = new Attractor(x, y, magnitude);
    }

    for (int time=0; time<1000; time++) {
      for (Particle p : particles) {
        for (inti=0; i<attractors.length; i++) {
          //计算力
          Vector force = attractors[i].force(p.position);
          p.apply(force); //应用力
        }
        p.update();
        p.display();
      }
    }
}
```

运行结果如下图所示。

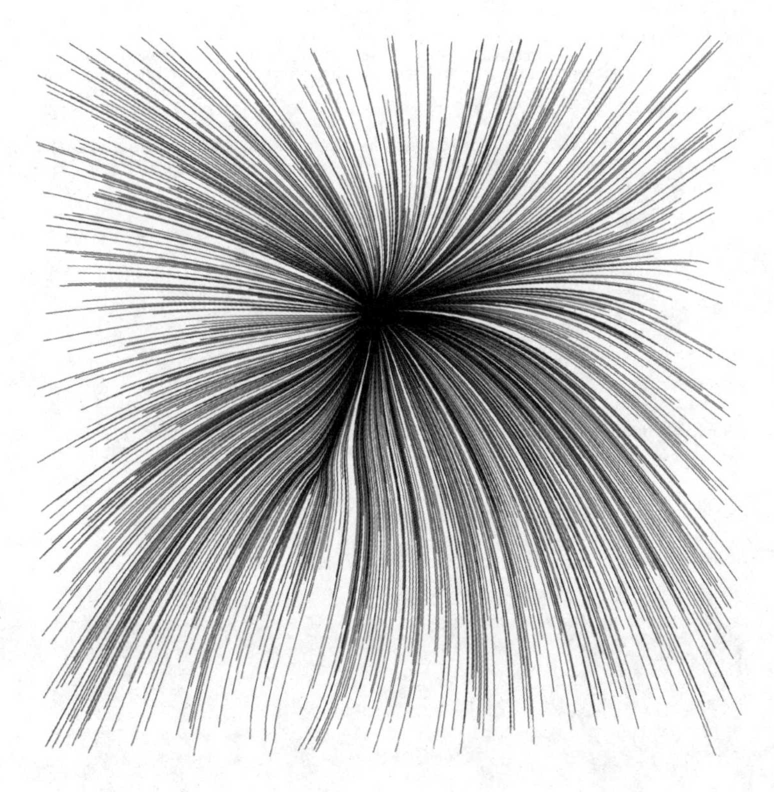

最后在上面代码的基础上把Attractor实例的数量改为10，并让粒子水平排列在画面中间，每次更新粒子的时候都随机应用一个力。

```
Particle[] particles = new Particle[1000];
  for (inti=0; i<particles.length; i++) {
    particles[i] = new Particle(random(width), height/2);
  }

  Attractor[] attractors = new Attractor[10];
  for (inti=0; i<attractors.length; i++) {
    float x = random(width);
    float y = random(height);
    float magnitude = random(-1, 1);
    attractors[i] = new Attractor(x, y, magnitude);
  }

  for (int time=0; time<1000; time++) {
    for (Particle p : particles) {
      int index = (int)random(attractors.length); //随机索引
      //计算力
      Vector force = attractors[index].force(p.position);
      p.apply(force);      //应用力
      p.update();
      p.display();
    }
  }
}
```

运行结果如下图所示。

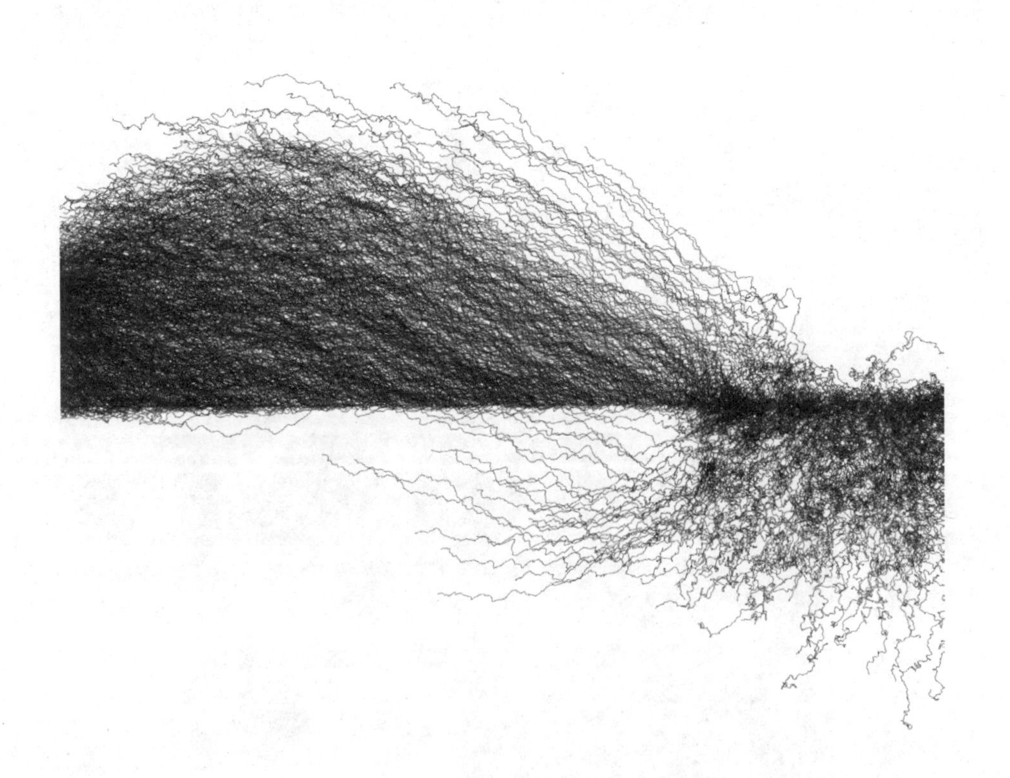

4 线 LINE

直线在几何学中没有端点，由无数个点构成，向两端无限延伸，长度无法测量，过不重合的两点有且仅有一条直线。一般我们在计算机中绘制的是线段，线段有两个端点，长度为两点之间的直线距离。在形态学中，线段和点一样，具有颜色、宽度、纹理等属性。线段排列或运动会构成面，不同的排列和运动方式会产生不一样的面，如线段以法线方向移动会形成矩形，倾斜一个角度会形成平行四边形，以中点旋转会形成一个圆。沿着图形的边缘绘制线段所形成的闭合路径可以表示图形的轮廓，在计算机中通常通过创建点，再由点构成轮廓，然后对轮廓填充颜色来形成面。

这里同样把线段封装成了一个Line类，并创建VisualLine类继承自Line类，用于扩展Line类，实现更多的特性。

Line类

Line类有两个属性p1和p2，分别是线段的两个端点，它们是Point类的实例，如下图所示。length()方法返回线段的长度，也就是两个端点的直线距离，求两点距离之前已经在Point类中实现，这里可以直接使用它。

```
class Line {
  Point p1, p2;

  Line(Point p1, Point p2) {
    this.p1 = p1;
    this.p2 = p2;
```

```
  }

  float length() { //返回线段长度
    return p1.distance(p2);
  }
}
```

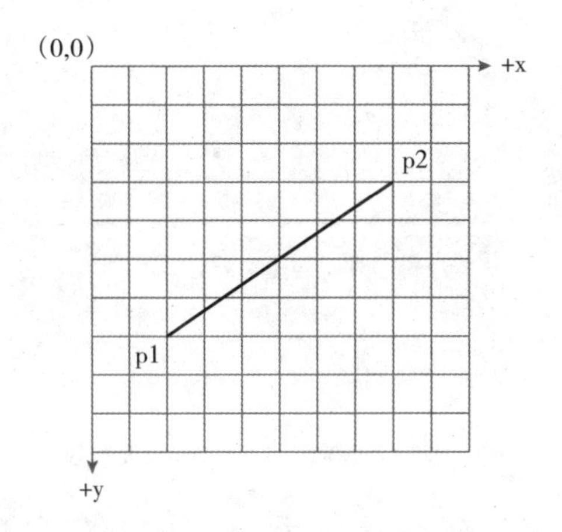

VisualLine类继承自Line类，包含线段宽度w和颜色c两个属性，这两个参数可以通过构造函数传入来初始化。同时也重载了无参数的构造函数，把线段宽度默认设置为1，颜色明度设置为0，并添加了setWeight()和setColor()方法以重新设置线段的宽度和颜色。display()方法用于绘制线段，在Processing中可以通过line()函数绘制线段，需要分别指定两个端点的坐标分量。另外，设置线段颜色和宽度与设置点一样。

```
classVisualLine extends Line {
  float w;
  color c;

  VisualLine(Point p1, Point p2, float w, color c) {
    super(p1, p2);
    this.w = w;
    this.c = c;
  }
```

```
  VisualLine(Point p1, Point p2) {
    super(p1, p2);
    this.w = 1;                              //初始化宽度为1
    this.c = color(0);                       //初始化颜色明度为0
  }

  void setWeight(float w) {                  //设置线段宽度
    this.w = w;
  }

  void setColor(color c) {                   //设置线段颜色
    this.c = c;
  }

  void display() {
    stroke(c);
    strokeWeight(w);
    line(p1.x, p1.y, p2.x, p2.y);           //绘制线段
  }
}
```

接着在画面中创建100条等间隔的垂直线段，所有线段的两个端点都在y轴方向上随机分布，这样就得到了100条不同长度的随机线段。再通过线段的length()方法返回线段的长度，将长度映射为线段的宽度和明度值。

```
void render() {
  VisualLine[] lines = new VisualLine[100];
  for (inti=0; i<lines.length; i++) {
    float x = map(i, -1, lines.length, 0, width); //设置等间隔的x坐标
    Point p1 = new Point(x, random(height)); //生成线段第一个端点，y坐标随机
    Point p2 = new Point(x, random(height)); //生成线段第二个端点，y坐标随机
    lines[i] = new VisualLine(p1, p2); //创建线段
    float length = lines[i].length();  //计算线段长度
    float w = map(length, 0, height, 1, 10);  //长度映射为线段宽度值
    lines[i].setWeight(w);
    float c = map(length, 0, height, 0, 255); //长度映射为线段明度值
```

```
    lines[i].setColor(color(c));
  }

  for(VisualLine line : lines) line.display(); //绘制所有线段
}
```

运行结果如下图所示。

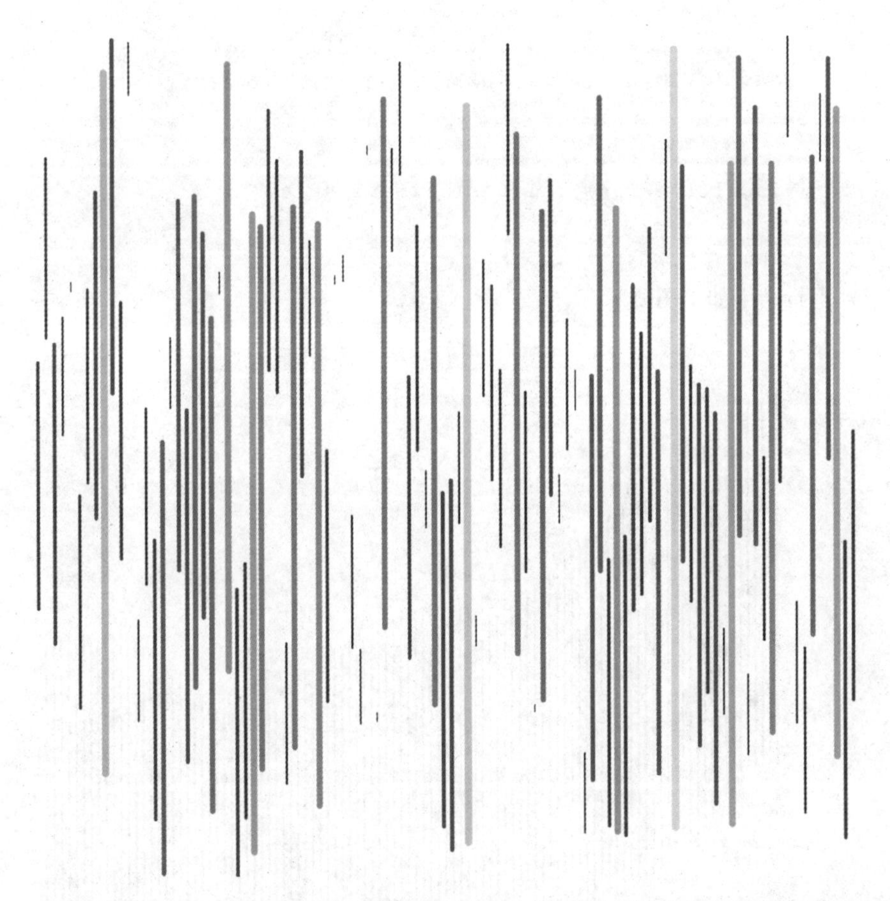

下面使用noise()函数生成y轴随机坐标，使y坐标形成一个平滑起伏的过渡。noise()函数和random()函数常用于产生随机数，但noise()函数能够基于指定坐标值返回PerlinNoise，得到一个连续过渡的曲线。Perlin Noise是Ken Perlin开发的一种噪声函数，它常用于模拟云彩、岩石、树木等自然形式。

```
åvoid render() {
  VisualLine[] lines = new VisualLine[100];

  for (inti=0; i<lines.length; i++) {
    float x = map(i, -1, lines.length, 0, width);
    float y = noise(float(i)/100)*height; //基于i值生成Perlin Noise
    float length = height/2;
    Point p1 = new Point(x, y-length/2);
    Point p2 = new Point(x, y+length/2);
    lines[i] = new VisualLine(p1, p2, 2, color(0));
  }

  for(VisualLine line : lines) line.display();
}
```

运行结果如下图所示。

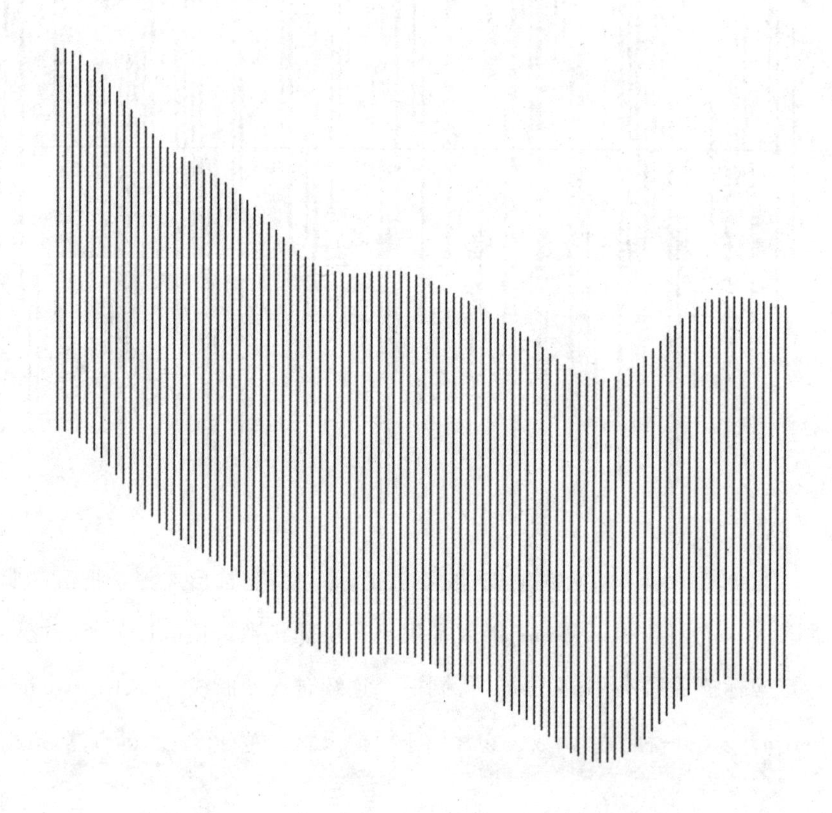

有时候我们需要让线条按一定的分布来排列，形成渐变间隔的效果。一种方法是通过函数生成等比数列，然后把数列的每项值映射为坐标值。下面是生成等比数列的实现函数progression()，函数接收两个参数，第一个为生成数列的个数，第二个为后一项与前一项的比值。

```
float[] progression(int n, float q) {
  float[] result = new float[n];
  result[0] = 1;                    //设置第一项值为1
  for (inti=1; i<n; i++) {
    result[i] = result[i-1]*q;      //根据倍数计算下一项值
  }
  return result;
}
```

有了等比数列生成函数，就可以利用返回值来生成坐标，下图使用了1.1倍比值生成等比数列并映射为线段的x坐标，你也可以通过调整q值来生成不一样的间隔。

```
void render() {
  float[] numbers = progression(30, 1.1); //生成等比数列，倍数为1.1
  float min = min(numbers);               //数列最大值
  float max = max(numbers);               //数列最小值

  VisualLine[] lines = new VisualLine[numbers.length];

  for (inti=0; i<lines.length; i++) {
  float x = map(numbers[i], min, max, 0, width);
                                          //把数列第i项映射为x坐标值
    Point p1 = new Point(x, 0);
    Point p2 = new Point(x, height);
    lines[i] = new VisualLine(p1, p2, 2, color(0));
  }

  for(VisualLine line : lines) line.display();
}
```

运行结果如下图所示。

之前在创建Point类的时候实现了点的旋转，点的rotate()方法可以使点以某点为中心和指定弧度进行旋转，而Line类的两个端点也都是Point类型，下面尝试让每条线段的第一个端点以第二个端点为原点旋转生成图形。

```
void render() {
  VisualLine[] lines = new VisualLine[100];

  for (inti=0; i<lines.length; i++) {
    float x = map(i, -1, lines.length, 0, width);
    Point p1 = new Point(x, random(height));
    Point p2 = new Point(x, random(height));
    lines[i] = new VisualLine(p1, p2);
    float alpha = map(lines[i].length(), 0, height, 0, 100);
    lines[i].setColor(color(0, alpha));
  }

  for (int time=0; time<100; time++) {
```

```
    for (VisualLine line : lines) {
      line.p1.rotate(line.p2, 0.01);
           //第一个端点以第二个端点为中心旋转
      line.display();
    }
  }
}
```

运行结果如下图所示。

还可以在上面代码的基础上，让每条线段的第二个端点以下一条线段的第一个端点为中心进行旋转生成图形。

```
void render() {
  VisualLine[] lines = new VisualLine[100];

  for (inti=0; i<lines.length; i++) {
    Point p1 = new Point(random(width),random(height));
    Point p2 = new Point(random(width),random(height));
```

```
      lines[i] = new VisualLine(p1, p2, 1, color(0, 20));
    }

    for (int time=0; time<100; time++) {
    for (inti=0; i<lines.length; i++) {
      VisualLine l1 = lines[i];
      VisualLine l2 = lines[(i+1)%lines.length];
      l1.p1.rotate(l1.p2, 0.01);
              //第一个端点以第二个端点为中心旋转
      l1.p2.rotate(l2.p1, 0.01);
              //第二个端点以下一条线段第一个端点为中心旋转
      lines[i].display();
    }
  }
}
```

运行结果如下图所示。

接下来给Line类也添加一个rotate()方法，rotate()方法可以使线段以指定点为中心，以指定弧度进行旋转。实现方法只需让线段的两个端点分别执行rotate()方法即可。

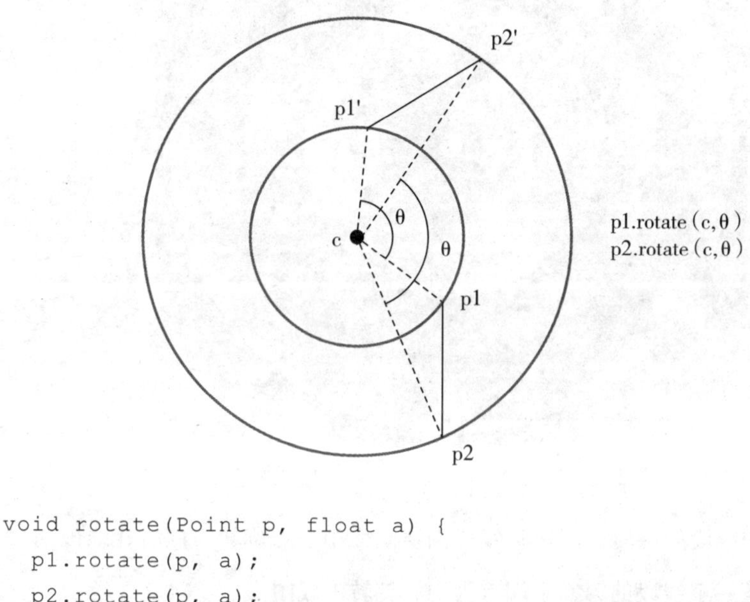


```
void rotate(Point p, float a) {
  p1.rotate(p, a);
  p2.rotate(p, a);
}
```

下面在画面中随机创建10条线段，并迭代更新这些线段1000次，每次迭代都让每条线段以画面中心为原点旋转0.01弧度，并绘制线段。

```
Point center = new Point(width/2, height/2);
for (int time=0; time<1000; time++) {
  for (VisualLine line : lines) {
    line.rotate(center, 0.01);          //以center为中心旋转
    line.display();
  }
}
```

运行结果如下图所示。

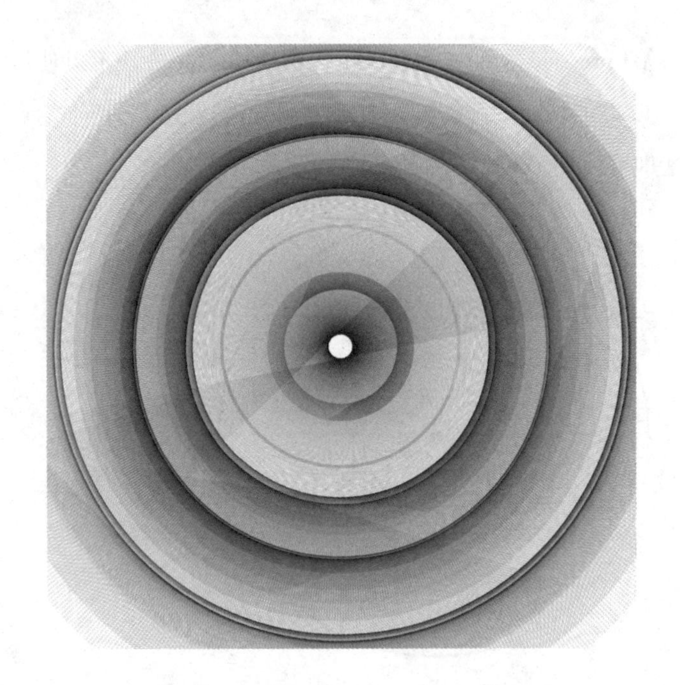

结合点和线段的旋转，可以让线段围绕画面中心点旋转，同时让线段的第二个端点以下一个线段的第一个端点为中心旋转生成图形。

```
Point center = new Point(width/2, height/2);
for (int time=0; time<1000; time++) {
  for (inti=0; i<lines.length; i++) {
    VisualLine l1 = lines[i];
    VisualLine l2 = lines[(i+1)%lines.length];
    l1.rotate(center, 0.01); //以center为中心旋转
    l1.p2.rotate(l2.p1, 0.01);
                //第二个端点以下一条线段第一个端点为中心旋转
    lines[i].display();
  }
}
```

运行结果如下图所示。

继续为Line类添加lerp()方法，lerp()方法返回两端点之间的点，这里使用线性插值方法，该方法通过指定0到1之间的数值返回两端点之间的点，数值越靠近0，返回的点越靠近第一个端点。数值越靠近1，返回的点越靠近第二个端点，数值为0.5时返回线段的中点。下面通过给Point类添加lerp()方法实现两点之间插值，然后在Line类的lerp()方法里调用Point类的lerp()方法实现线段端点插值。

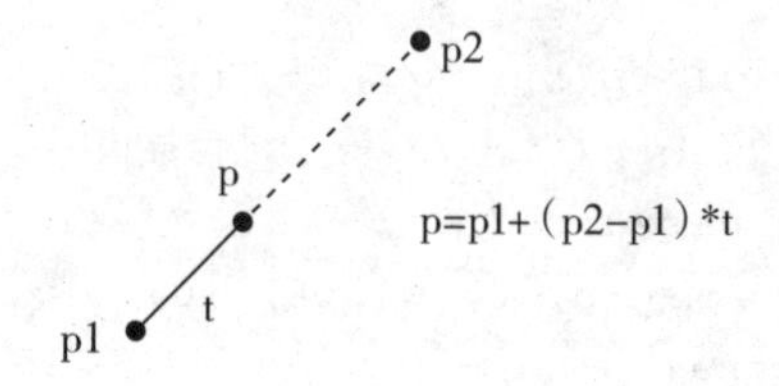


```
class Point {
  Point lerp(Point p, float t) {
    return new Point(x+(p.x-x)*t, y+(p.y-y)*t);
  }
}

class Line {
```

```
  Point lerp(float t) {
    return p1.lerp(p2, t);
  }
}
```

现在利用线段的lerp()插值方法来生成图形，首先在画面中随机生成一些线段，然后在这些线段之间插值得到点，并按顺序将所有线段插值得到的点连接成线。用for循环迭代这一规则，每次迭代都更新线段的插值位置，经过1000次迭代后生成如下图形。

```
void render() {
  VisualLine[] lines = new VisualLine[10];

  for (inti=0; i<lines.length; i++) {
    Point p1 = new Point(random(width), random(height));
    Point p2 = new Point(random(width), random(height));
    lines[i] = new VisualLine(p1, p2);
  }

  for (int time=0; time<1000; time++) {
    float t = map(time, 0, 1000, 0, 1);
    for (inti=0; i<lines.length-1; i++) {
      VisualLine l1 = lines[i];
      VisualLine l2 = lines[i+1];
      Point p1 = l1.lerp(t); //基于t进行插值
      Point p2 = l2.lerp(t); //基于t进行插值
      float d = p1.distance(p2);
      float alpha = map(d, 0, width, 10, 0);
      stroke(0, alpha);
      line(p1.x, p1.y, p2.x, p2.y);
    }
  }
}
```

运行结果如下图所示。

下面为线段添加intersect()求交点方法，如果两条线段存在交点则返回交点，否则返回null。两线段求交这里通过向量方法来实现，首先分别求出t和u在两线段的位置，如果t和u都在0到1之间，说明线段相交。然后基于t或u值返回交点（这里忽略线段顶点相交的情况）。

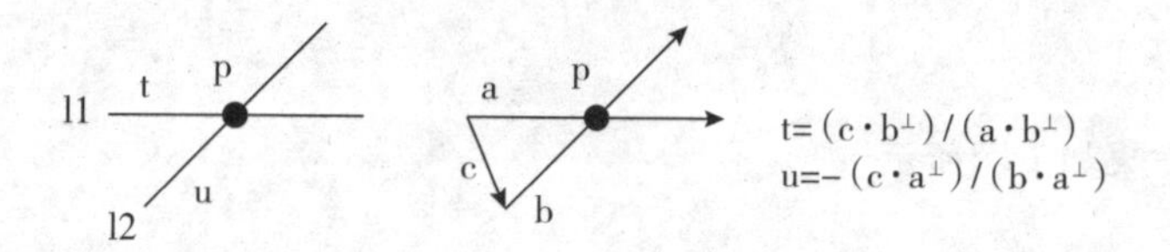


```
Point intersect(Line l) {
  Vector a = new Vector(p2.x-p1.x, p2.y-p1.y);
  Vector b = new Vector(l.p2.x-l.p1.x, l.p2.y-l.p1.y);
  Vector c = new Vector(l.p1.x-p1.x, l.p1.y-p1.y);
  Vector v1 = a.perpendicular();  //计算垂直向量
```

```
  Vector v2 = b.perpendicular();          //计算垂直向量

  float t = c.dot(v2)/a.dot(v2);          //计算t值
  float u = -c.dot(v1)/b.dot(v1);         //计算u值

  if (t>0 && t<1 && u>0 && u<1) {
    Vector v = new Vector(p1.x, p1.y);
    v = v.add(a.mult(t));
    return new Point(v.x, v.y);           //返回交点
    } else {
    return null;                          //返回null
  }
}
```

现在在画面中随机创建100条线段，并利用刚创建的intersect()方法求出所有线段的交点，并绘制这些交点。

```
for (inti=0; i<lines.length; i++) {
  lines[i].display();
  for (int j=i+1; j<lines.length; j++) {
    Point p = lines[i].intersect(lines[j]); //求交点
    if (p!=null) { //判断是否相交
      stroke(0);
      strokeWeight(5);
      point(p.x, p.y);
    }
  }
}
```

运行结果如下图所示。

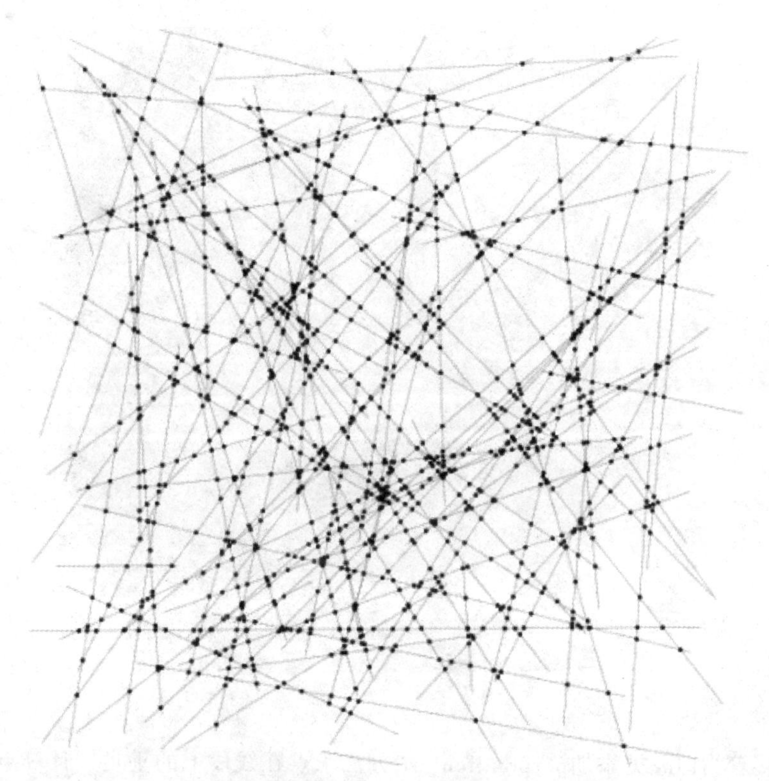

我们还可以让每条线段在执行第一个端点以第二个端点为原点旋转的规则基础上添加相交判断，让线段只有在相交的情况下才绘制。

```
for (int time=0; time<1000; time++) {
  for (inti=0; i<lines.length; i++) {
    lines[i].p1.rotate(lines[i].p2, 0.01); //旋转规则
    for (int j=0; j<lines.length; j++) {
      Point p = lines[i].intersect(lines[j]);
      if (p!=null) lines[i].display(); //如果相交，绘制线段
    }
  }
}
```

运行结果如下图所示。

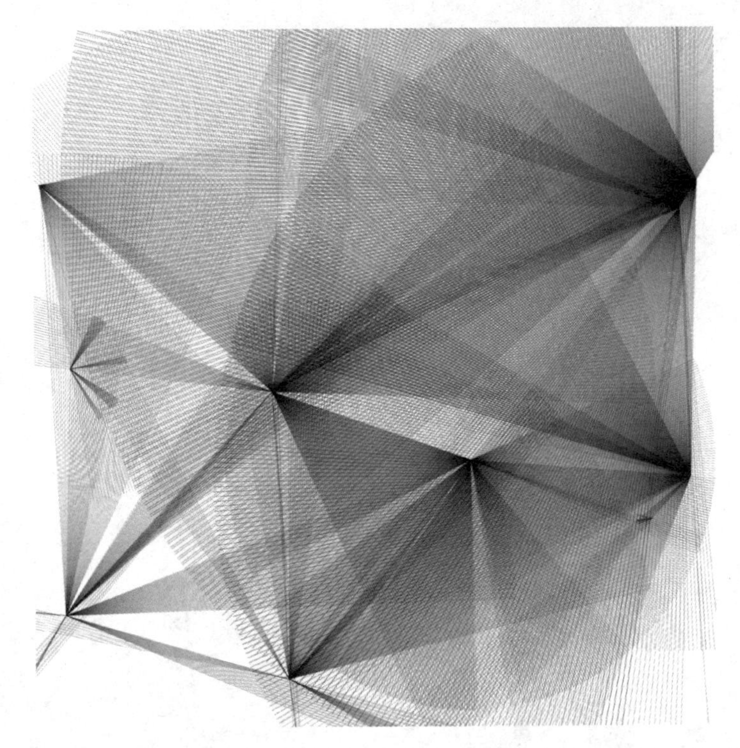

接着为Line类添加perpendicular()方法求点在线段上的垂足，计算点在线段的垂足也通过向量来实现，首先通过点乘运算计算t在线段上的位置，然后判断t是否在0到1区间，如果在说明存在垂足并返回垂点，否则返回null。

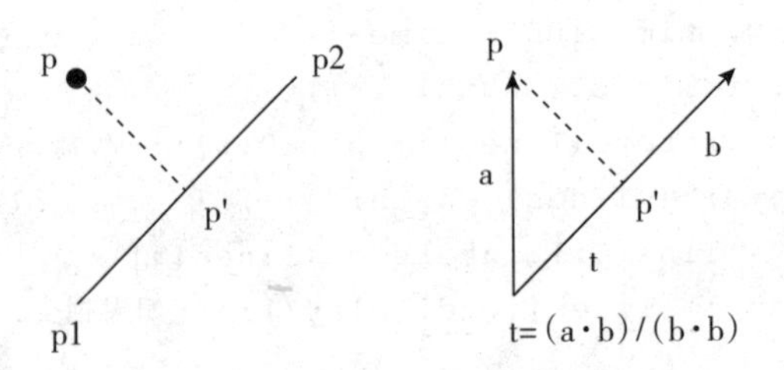


```
Point perpendicular(Point p) {
  Vector a = new Vector(p.x-p1.x, p.y-p1.y);
  Vector b = new Vector(p2.x-p1.x, p2.y-p1.y);
  float t = a.dot(b)/b.dot(b); //计算t值

  if (t>0 && t<1) {
```

```
    Vector v = new Vector(p1.x, p1.y);
    v = v.add(b.mult(t));
    return new Point(v.x, v.y); //返回垂足
  } else {
    return null;
  }
}
```

现在还是在画面中随机创建10条垂直线段和100个点，并利用刚创建的perpendicular()方法求所有点到线段的垂足，如果存在垂足，基于垂点和点的坐标绘制垂线（垂线是点到线段的最短距离），在绘制垂线的时候，让距离映射为垂线的宽度和不透明度，距离越短垂线的宽度越大、不透明度越高，反之，垂线的宽度越小、不透明度越低。

```
void render() {
  VisualPoint[] points = new VisualPoint[100];
  VisualLine[] lines = new VisualLine[10];

  for (inti=0; i<points.length; i++) {
    float x = random(width);
    float y = random(height);
    points[i] = new VisualPoint(x, y, 5, color(0));
    points[i].display();
  }

  for (inti=0; i<lines.length; i++) {
    float x = map(i, -1, lines.length, 0, width);
    Point p1 = new Point(x, random(height));
    Point p2 = new Point(x, random(height));
    lines[i] = new VisualLine(p1, p2);
    lines[i].display();
  }

  for (inti=0; i<points.length; i++) {
    for (int j=0; j<lines.length; j++) {
      Point p = lines[j].perpendicular(points[i]);
                                                    //计算垂足
```

```
    if (p!=null) {
      float d = p.distance(points[i]); //计算距离
      float alpha = map(d, 0, width, 255, 0); //距离映射为不透明度
      float weight = map(d, 0, width, 2, 0); //距离映射为宽度
      stroke(0, alpha);
      strokeWeight(weight);
      line(points[i].x, points[i].y, p.x, p.y); //绘制垂线
    }
   }
  }
}
```

运行结果如下图所示。

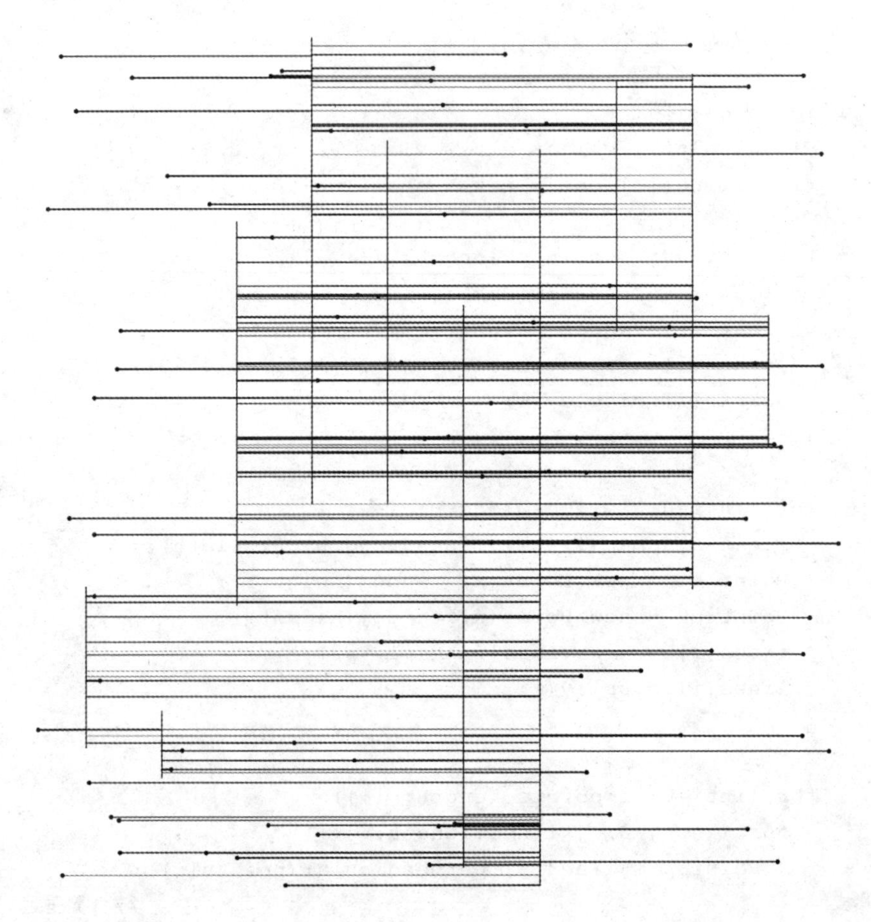

接着扩展上面的程序，让点在y轴方向上不断更新位置，并计算点和所有线段的垂足，并绘制垂线。首先为程序创建一个VisualPoint类，继承自Point类。然后给VisualPoint类添加一个update()方法，每次调用update()方法都让点的y坐标加5。

```
classVisualPoint extends Point {
  VisualPoint(float x, float y) {
    super(x, y);
  }

  void update() {
    y += 5;
  }
}
```

然后在render()函数中更新迭代所有点的位置，并绘制垂线。

```
void render() {
  VisualPoint[] points = new VisualPoint[100];
  Line[] lines = new Line[10];

  for (inti=0; i<points.length; i++) {
    float x = random(width);
    float y = random(height);
    points[i] = new VisualPoint(x, y);
  }

  for (inti=0; i<lines.length; i++) {
    float x = map(i, -1, lines.length, 0, width);
    Point p1 = new Point(x, random(height));
    Point p2 = new Point(x, random(height));
    lines[i] = new Line(p1, p2);
  }

  for (int time=0; time<100; time++) {
    for (inti=0; i<points.length; i++) {
```

```
        points[i].update(); //更新点的位置
        for (int j=0; j<lines.length; j++) {
          Point p = lines[j].perpendicular(points[i]);
          if (p!=null) {
            float d = p.distance(points[i]);
            float alpha = map(d, 0, width, 100, 0);
            float weight = map(d, 0, width, 1, 0);
            stroke(0, alpha);
            strokeWeight(weight);
            line(points[i].x, points[i].y, p.x, p.y);
          }
        }
      }
    }
}
```

运行结果如下图所示。

下面扩展最初创建的VisualLine类，给VisualLine类添加subdivide()细分方法，subdivide()方法可以基于线段第二个端点位置按照随机角度生成n条新的线段，并让新线段的长度为原线段的1/2倍。

```
VisualLine[] subdivide(int n) {
  VisualLine[] lines = new VisualLine[n];
  for (inti=0; i<lines.length; i++) {
    Point p1 = this.p2.copy();
    float radian = random(TAU);         //随机弧度
    float radius = length()*.5;         //长度减半
    float x = p1.x + cos(radian) * radius;
    float y = p1.y + sin(radian) * radius;
    Point p2 = new Point(x, y);
    lines[i] = new VisualLine(p1, p2); //创建新线段
  }
  return lines;                         //返回所有线段
}
```

然后在主标签中再创建一个subdivide()递归函数，该函数通过递归调用不断地对线段向下细分生成新线段，直到线段长度小于1为止。这里默认设置每次细分线段的数量为4。下图为线段执行4次细分的过程。

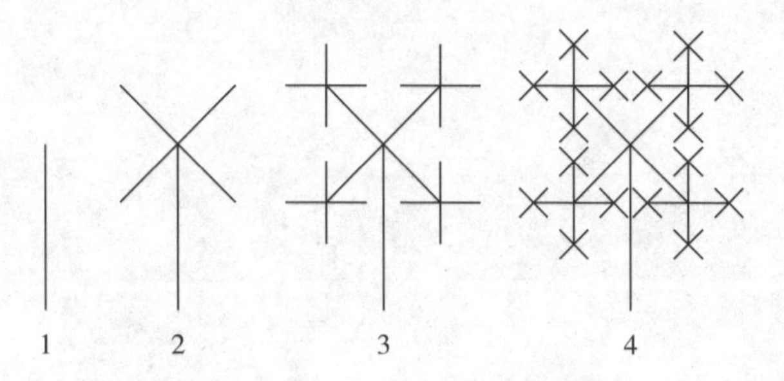

```
voidsubdivide(VisualLine line) {
  if (line.length()<1)return;
  line(line.p1.x, line.p1.y, line.p2.x, line.p2.y);
  VisualLine[] lines = line.subdivide(4);
  for (inti=0; i<lines.length; i++) {
    subdivide(lines[i]);
  }
}
```

最后在render()函数中创建一条初始线段，并调用subdivide()递归函数对线段进行细分。

```
void render() {
  Point p1 = new Point(width/2, height);
  Point p2 = new Point(width/2, height/2);
  VisualLine line = new VisualLine(p1, p2);
  subdivide(line);
}
```

运行结果如下图所示。

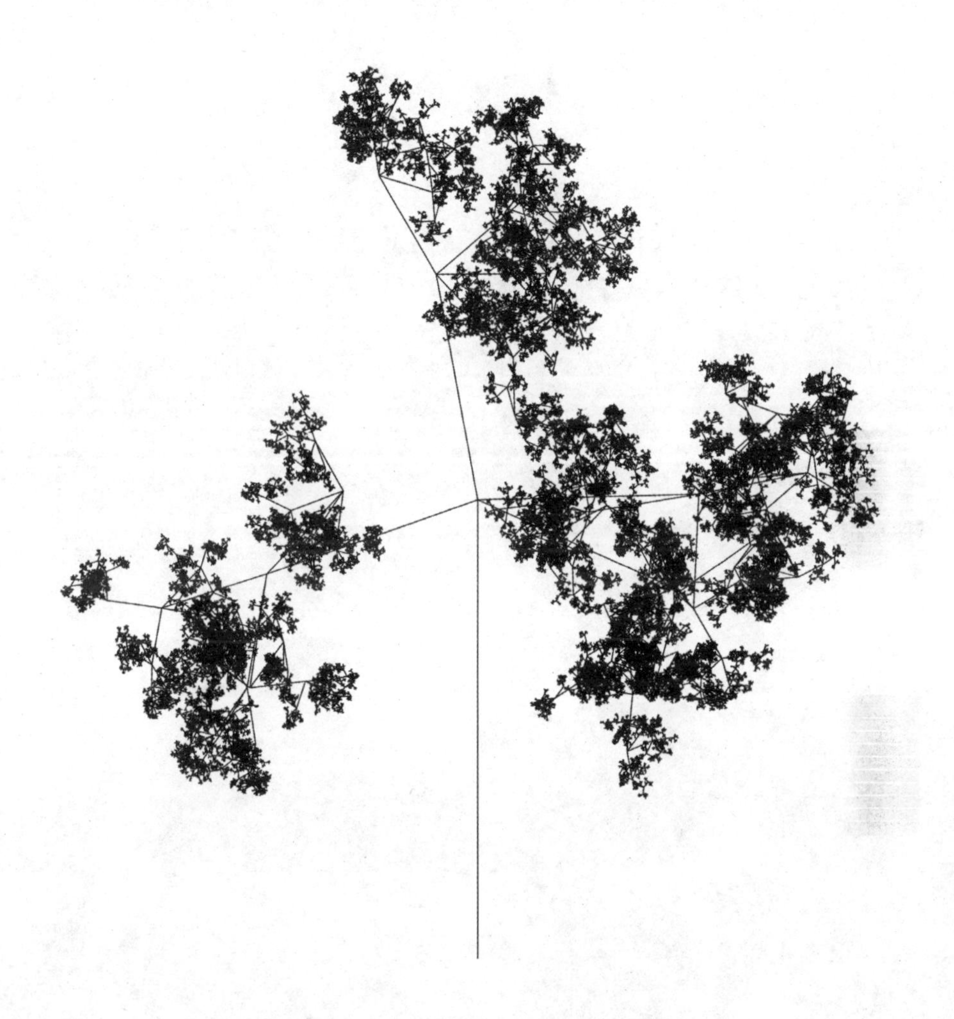

圆 CIRCLE

圆在几何中表示以一定点为中心，以固定长度为距离旋转一周所形成的封闭曲线，其中定点为圆心，固定长度距离为半径。如下图所示。在形态学中当圆相对缩小时会变成点，当圆相对放大时会变成面。圆与圆之间的图形关系也会产生不同的构成形式，如联合、差叠、透叠、剪缺等。基础图形在圆内分布排列，也会构成不同机理的圆，如若干圆在圆内不交差分布，点在圆内均匀分布等。当正n边形的n非常大的时候就会形成一个相对平滑的圆，这也是计算机绘制圆的方法，在计算机中可以通过圆心坐标和半径来绘制一个圆。我们在表现一组数据的大小关系时，通常也会使用不同大小的圆来表示。

注意

这里值得注意的是在用圆大小表示数据时一般用圆的面积来映射数值。

如果使用半径的话会偏离数据的真实关系，因为通过半径绘制圆，面积是半径的平方乘以圆周率。

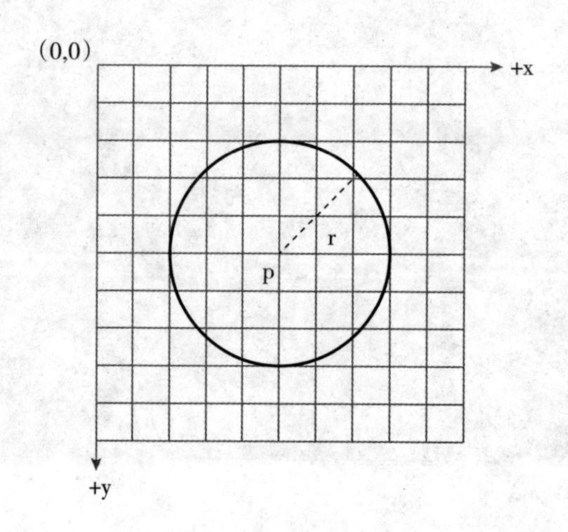

Circle类

下面把圆也封装成一个Circle类，Circle类中包含两个属性，一个是圆心p，为Point类型，一个是半径r。还有一个求圆面积的area()方法，通过半径和圆周率来计算，PI常量为圆周率。

```
class Circle {
  Point p; //圆心
  float r; //半径

  Circle(Point p, float r) {
    this.p = p;
    this.r = r;
  }

  float area() {
    return PI*r*r; //返回面积
  }
}
```

接着创建VisualCircle类（继承自Circle类），并添加绘制圆的方法。在Processing中通过ellipse()函数来绘制圆，ellipse()函数实际是绘制椭圆的函数，我们只需指定后两个参数为相同值就可以绘制圆，前两个参数为圆的圆心坐标分量。Processing提供了几种模式，这里使用半径模式来绘制，通过ellipseMode(RADIUS)函数可以指定椭圆的绘制模式，绘制模式我们已经在setup()函数中设置完成。指定圆的填充颜色可以使用fill()函数（和stroke()函数使用类似）。如果只需要绘制轮廓或只需要填充，可以在绘制之前用noStroke()或onFill()函数取消轮廓或填充的绘制。在VisualCircle类中还声明了displayStroke()和displayFill()两种绘制方法，分别只绘制圆的轮廓或填充。

```
classVisualCircle extends Circle {
  color c;
```

```
  VisualCircle(Point p, float r, color c) {
    super(p, r);
    this.c = c;
  }

  VisualCircle(Point p, float r) {
    super(p, r);
    c = color(0);
  }

  void setColor(color c) { //设置颜色
    this.c = c;
  }

  void displayStroke() {    //绘制轮廓
    stroke(c);
    noFill();
    ellipse(p.x, p.y, r, r);
  }

  void displayFill() {       //绘制填充
    noStroke();
    fill(c);
    ellipse(p.x, p.y, r, r);
  }
}
```

现在在画面中随机创建10个圆，并分别求出它们的面积，然后把面积映射为不透明度。

```
void render() {
  VisualCircle[] circles = new VisualCircle[10];
  for (inti=0; i<circles.length; i++) {
    Point p = new Point(random(width), random(height));
    float r = random(5, 500);        //随机半径
    circles[i] = new VisualCircle(p, r);
    float area = circles[i].area(); //求面积
```

```
    float alpha = map(area, 25*PI, 250000*PI, 150, 0);
                        //面积映射为不透明度
    circles[i].setColor(color(0, alpha));
  }

  for (VisualCircle circle : circles) circle.displayFill();
}
```

运行结果如下图所示。

我们也可以通过改变绘图模式来产生差叠效果，在绘制开始前使用blendMode(DIFFERENCE)函数把绘图模式设置为差叠。

```
void render() {
  blendMode(DIFFERENCE); //设置绘图模式

  VisualCircle[] circles = new VisualCircle[10];
  for (inti=0; i<circles.length; i++) {
    Point p = new Point(random(width), random(height));
```

```
    float r = random(5, 500);
    circles[i] = new VisualCircle(p, r, color(255));
  }
  for (VisualCircle circle : circles) circle.displayFill();
}
```

运行结果如下图所示。

接下来创建一组相同半径的圆，并通过黄金角计算每个圆的位置，使得它们形成一个大圆，并且相互之间不相交。计算过程遵循：第n个圆的位置半径等于n的平方根乘以一个常数，弧度为n乘以黄金角，黄金角等于黄金比乘以二倍圆周率，黄金比可以通过5的平方根减1再除以2得到。

```
void render() {
  VisualCircle[] circles = new VisualCircle[100];
  for (inti=0; i<circles.length; i++) {
    float radian = TAU * (sqrt(5)-1)/2 * i;      //计算弧度
    float radius = sqrt(i+1) * 40;               //计算半径
```

```
    float x = width/2 + cos(radian) *  radius;
    float y = height/2 + sin(radian) *  radius;
    Point p = new Point(x, y);
    circles[i] = new VisualCircle(p, 30);
  }

  for(VisualCircle circle : circles) circle.displayStroke();
}
```

运行结果如下图所示。

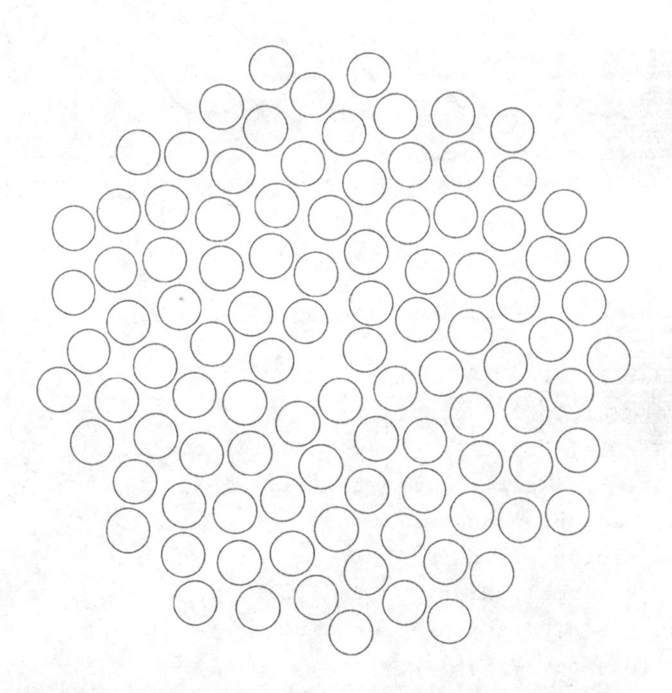

下面通过算法来实现把1000个随机半径圆放置在一个大圆内，并且相互之间不产生交叉。算法实现：逐个把圆加入到画面中，然后和之前加入的圆逐个对比，如果和其他圆相交，就缩小圆的半径使该圆和其他圆都不相交，同时还需要判断新添加的圆是否被包含在其他圆内，如果被包含就重新更新位置后再次添加；另外还需判断圆是否超出大圆的边界，如果超出大圆边界就改变该圆的半径值；重复上述过程直到把所有圆添加进去。如下图所示。

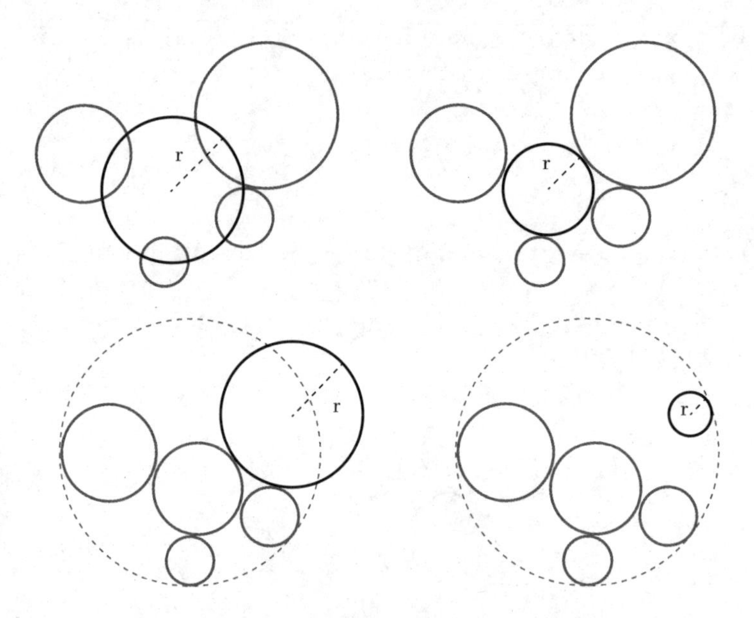

下面为具体实现，这里在判断两圆是否相交时，通过判断它们的半径和是否小于它们的距离来实现。

```
void render() {
  translate(width/2, height/2);
  VisualCircle[] circles = new VisualCircle[1000];
  for (inti=0; i<circles.length; i++) {
    float radian = random(TAU);
    float radius = random(450);
    float x = cos(radian) *  radius;
    float y = sin(radian) *  radius;
    Point p = new Point(x, y);
    VisualCircle a = new VisualCircle(p, 100, color(0));
    circles[i] = a;

    boolean include = false;
    for (int j=i-1; j>=0; j--) {
      Circle b = circles[j];
      float d = a.p.distance(b.p); //计算距离
      if (d<b.r) include = true;    //判断是否包含
      if (d<a.r+b.r) a.r = d-b.r;  //如果相交，更新半径
```

```
    }

    float d = a.p.distance(new Point(0, 0)); //计算距离大圆圆心距离
    if (d+a.r>450) a.r = 450-d; //如果超出大圆，更新半径

    if (!include) {
      a.displayStroke();
    } else {
      i--;                            //如果包含，重新添加
    }
  }
}
```

运行结果如下图所示。

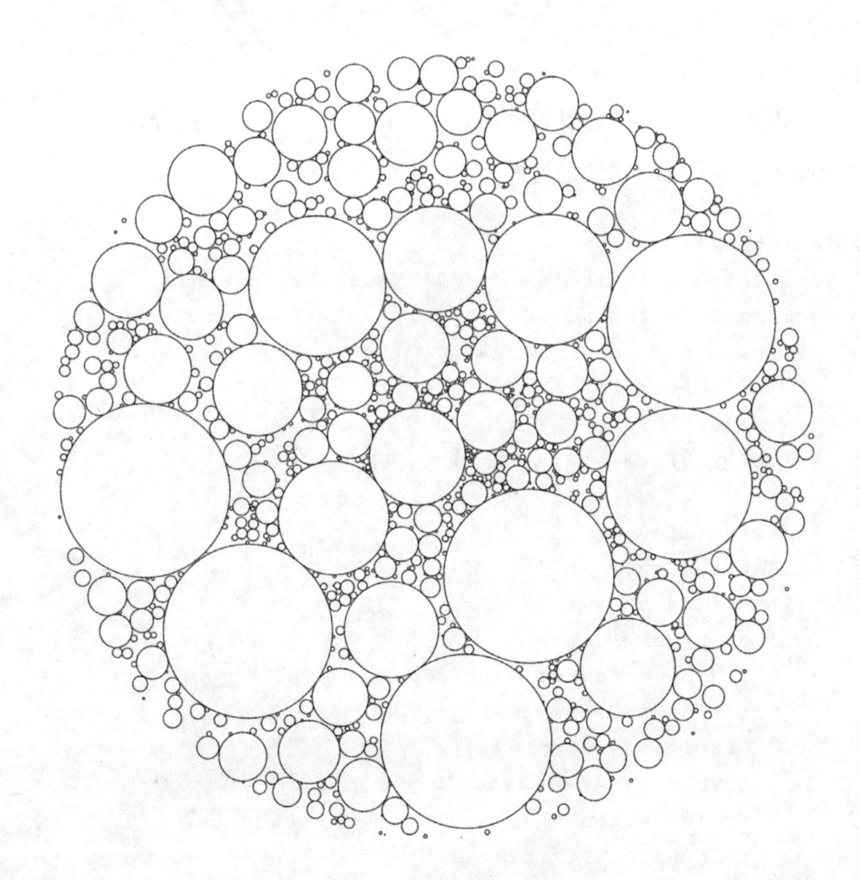

如果想让不同大小的圆分布在画面中心，并且在加入的时候不改变大小，通过上面两种方法都无法实现。接下来使用螺旋式布局的方法来解决这个问题：在每次添加圆的时候都以螺旋的方式移动圆，并检测圆是否和已经添加的圆相交，如果相交继续更新圆的位置，直到和其他所有圆不相交为止，重复上面过程直到添加完所有圆。如下图所示。

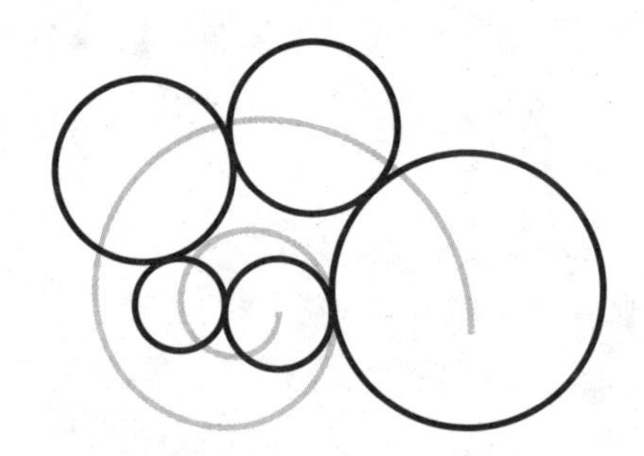

下面为具体实现，这里螺旋的弧度增量为0.1，半径增量为1。增量越小位置计算越精确，计算速度也越慢。

```
void render() {
  VisualCircle[] circles = new VisualCircle[200];
  for (inti=0; i<circles.length; i++) {
    VisualCircle a = new VisualCircle(
      new Point(width/2, height/2),
      random(10, 40),
      color(0)
      );
    circles[i] = a;
    float radian = 0;
    float radius = 0;
    while (true) {
      boolean intersect = false;
      for (int j=i-1; j>=0; j--) {
        Circle b = circles[j];
        float d = a.p.distance(b.p); //返回两圆圆心距离
        if (d <a.r+b.r) {              //判断是否相交
          intersect = true;
```

```
          break;
        }
      }
      if (!intersect) break; //如果不相交，结束本次循环
      radian += .1;          //弧度增加
      if (radian > TAU) {
        radian = 0;
        radius += 1;         //半径增加
      }
      a.p.x = width/2 + cos(radian) * radius;
      a.p.y = height/2 + sin(radian) * radius;
    }
  }

  for (VisualCircle circle : circles) circle.displayStroke();
}
```

运行结果如下图所示。

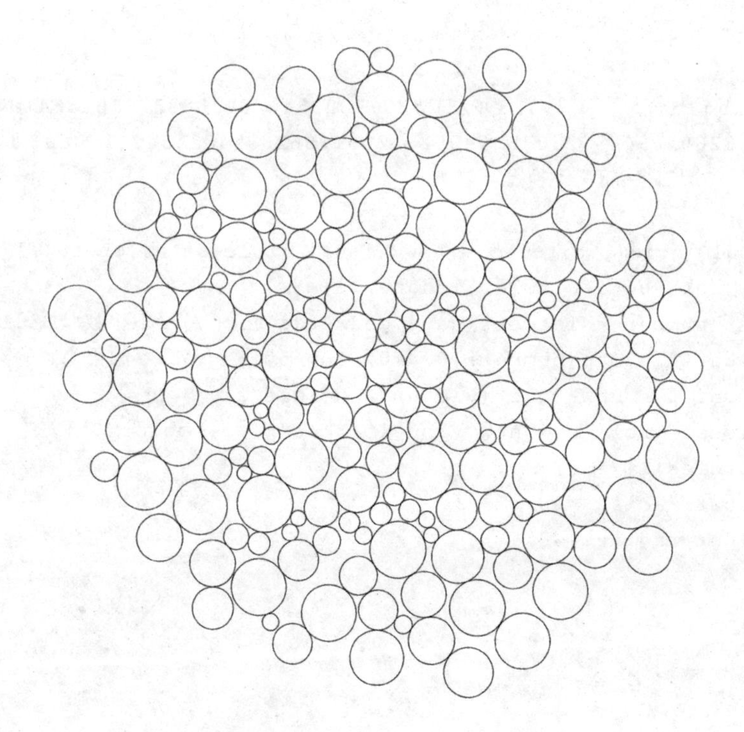

基于上面的布局方法把圆周率小数点后100位作为输入值，映射为对应圆的半径。

> 注意
>
> 注意因为螺旋式布局算法在布局的时候有可能会插入到其他圆的空隙中，所以最终得到的图形并不一定是按小数点顺序螺旋排列。

下面是具体实现：圆周率小数点后100位通过data字符串存储，并用charAt()函数逐一取出。另外，在绘制每个圆的时候，同时也绘制了该圆对应的数字，在Processing中绘制文本可以使用text()函数，第一个参数为要显示的字符或字符串，第二、三个参数为绘制文本的坐标。

```
void render() {
  textAlign(CENTER, CENTER);      //设置对齐方式
  textSize(24);                   //设置文字大小

  String data = "1415926535897932384626433832795028841971693993751058209749445923078164062862089986280348253421170679";//圆周率小数点后100位，字符串不换行

  VisualCircle[] circles = new VisualCircle[data.length()];
  for (inti=0; i<circles.length; i++) {
    int number = int(str(data.charAt(i))); //获取小数点后第i位数字
    float r = map(number, 0, 10, 20, 50);  //数字映射为圆的半径
    Point p = new Point(width/2, height/2);
    VisualCircle a = new VisualCircle(p, r, color(0));
    circles[i] = a;
    float radian = 0;
    float radius = 0;
```

```
    while (true) {
      boolean intersect = false;
      for (int j=i-1; j>=0; j--) {
        Circle b = circles[j];
        float d = a.p.distance(b.p);
        if (d <a.r+b.r) {
          intersect = true;
          break;
        }
      }
      if (!intersect) break;
      radian += .1;
      if (radian > TAU) {
        radian = 0;
        radius += 1;
      }
      a.p.x = width/2 + cos(radian) * radius;
      a.p.y = height/2 + sin(radian) * radius;
    }

    fill(0);
    text(number, p.x, p.y);
  }

  for (VisualCircle circle : circles) circle.displayStroke();
}
```

运行结果如下页图所示。

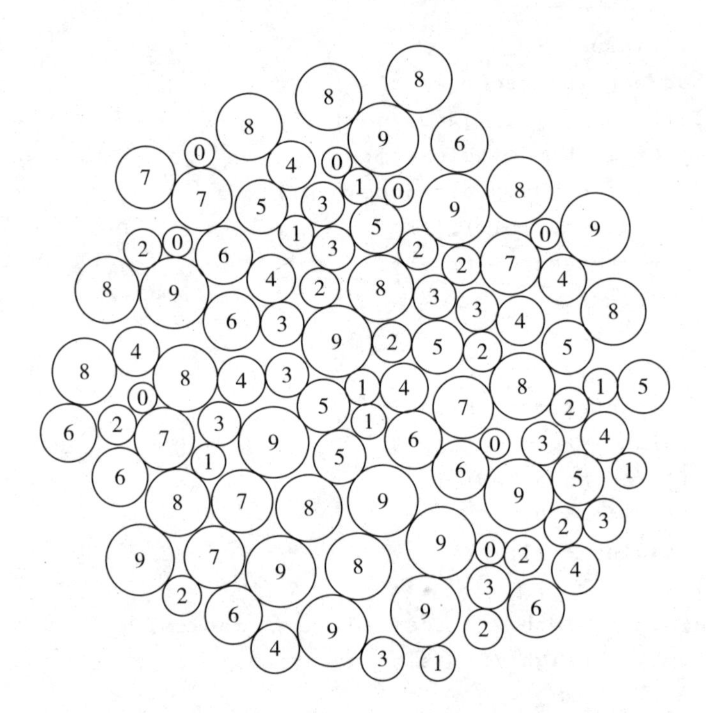

在此之前判断两圆相交都是通过判断它们的半径和是否小于距离。现在为Circle类添加intersect()方法，可以返回两圆的交点，这里忽略两圆相切的情况。具体实现：先求出两圆的距离d，如果小于两圆的半径和，说明两圆相交，进一步通过余弦定理求出夹角θ，然后通过夹角分别旋转向量v1和v2得到上下两个交点。如下图所示。

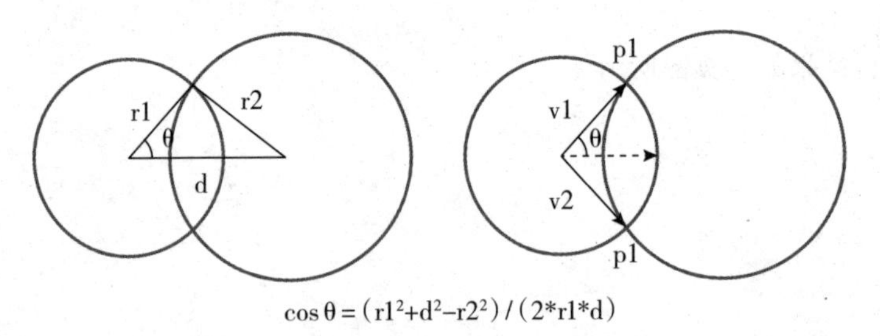

$\cos\theta = (r1^2+d^2-r2^2)/(2*r1*d)$

```
Point[] intersect(Circle c) {
  float d = p.distance(c.p);
  if (d >r+c.r) return null; //判断是否相交
```

```
  float k = (r*r+d*d-c.r*c.r)/(2*r*d);
  float angle = acos(k);      //计算角度

  Vector v1 = new Vector(c.p.x-p.x, c.p.y-p.y);
  v1 = v1.mag(r).rotate(angle).add(p.x, p.y);
  Vector v2 = new Vector(c.p.x-p.x, c.p.y-p.y);
  v2 = v2.mag(r).rotate(-angle).add(p.x, p.y);

  Point[] points = {new Point(v1.x, v1.y), new Point(v2.x, v2.y)};
  return points;
}
```

现在在画面中心创建一些圆，在创建圆的时候让圆心位置随机偏移一个较小的值，并使用intersect()方法检测所有圆之间的交点，如果存在交点就绘制所有的交点。

```
void render() {
  VisualCircle[] circles = new VisualCircle[40];
  for (inti=0; i<circles.length; i++) {
    float x = width/2 + random(-20, 20);
    float y = height/2 + random(-20, 20);
    Point p = new Point(x, y);
    float r = random(100, 450);
    circles[i] = new VisualCircle(p, r, color(0, 100));
  }

  for (VisualCircle circle : circles) circle.displayStroke();

  stroke(0);
  strokeWeight(5);
  for (inti=0; i<circles.length; i++) {
    VisualCircle a = circles[i];
    for (int j=i+1; j<circles.length; j++) {
      VisualCircle b = circles[j];
      Point[] points = a.intersect(b); //求交点
      if (points!=null) { //如果相交，则绘制交点
        point(points[0].x, points[0].y);
```

```
          point(points[1].x, points[1].y);
        }
      }
    }
}
```

运行结果如下图所示。

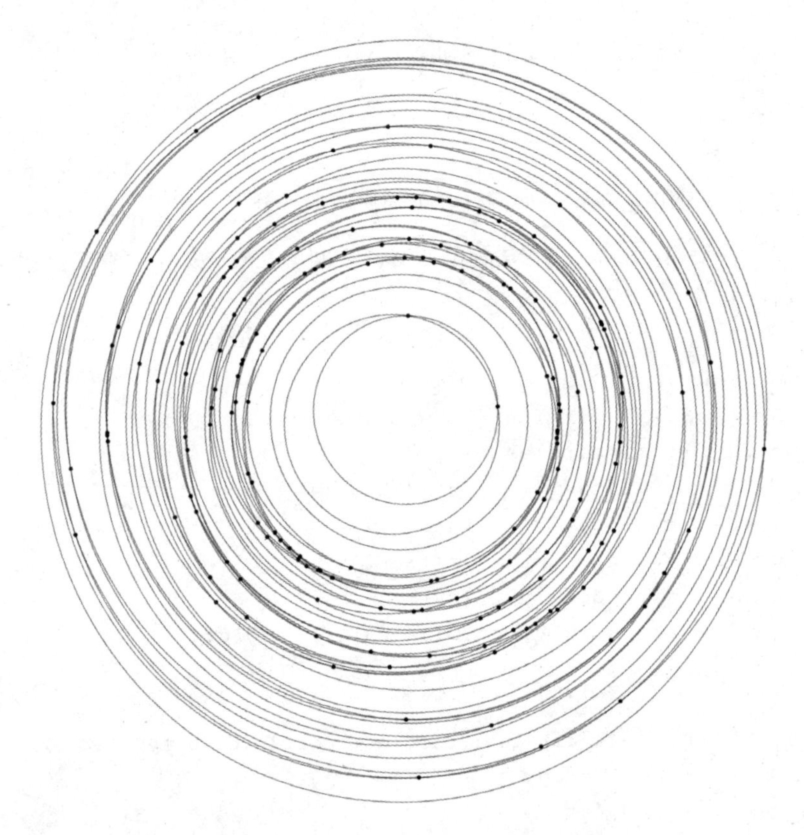

接着修改VisualCircle类，为VisualCircle类添加update()方法，让圆每次调用update()方法时都使半径增加，半径增量的计算方式：用现有半径值除以一个常数传入noise()函数，再乘以一个常量得到。

```
classVisualCircle extends Circle {
  void update() {
    r += noise(r/1000)*20; //半径增加
```

```
  }
}
```

最后用新的VisualCircle类在画面中创建10个圆，并让这些圆迭代100次，每次迭代都检测所有圆是否相交，如果相交我们就绘制一条两交点之间的线段。

```
void render() {
  VisualCircle[] circles = new VisualCircle[10];
  for (inti=0; i<circles.length; i++) {
    Point p = new Point(random(width), random(height));
    float r = random(100, 500);
    circles[i] = new VisualCircle(p, r);
  }

  stroke(0, 50);
  strokeWeight(1);
  for (int time=0; time<100; time++) {
    for (inti=0; i<circles.length; i++) {
      VisualCircle a = circles[i];
      a.update();                                          //更新圆
      for (int j=i+1; j<circles.length; j++) {
        VisualCircle b = circles[j];
        Point[] points = a.intersect(b);                   //求交点
        if (points!=null) {                                //判断相交
          line(points[0].x, points[0].y, points[1].x, points[1].y);
                                                           //绘制线段
        }
      }
    }
  }
}
```

运行结果如下图所示。

三角形 TRIANGLE

在几何中不共线的三个点按顺序首尾相连构成的封闭图形为三角形。因为通常三角形三条边距离固定、角度不变，所以它有很强的稳定性。通过三角形的三个顶点可以计算三角形的面积来映射其他属性，或者计算三角形的外心来得到三角形的外接圆，还可以对三角形的每条边进行插值，用返回的三个顶点生成新的三角形。在计算机中通常会采用三角形作为基本元素来构成一个三维模型，每个三角形在三维空间中都有自己的平面法线，通过法线、光源位置、视点等信息就可以计算出每个三角形的面积，这样就会得到一个具有明暗变化的渲染模型，如下图所示。本章我们着重学习创建平面三角形和基于三角形的运算生成图形。

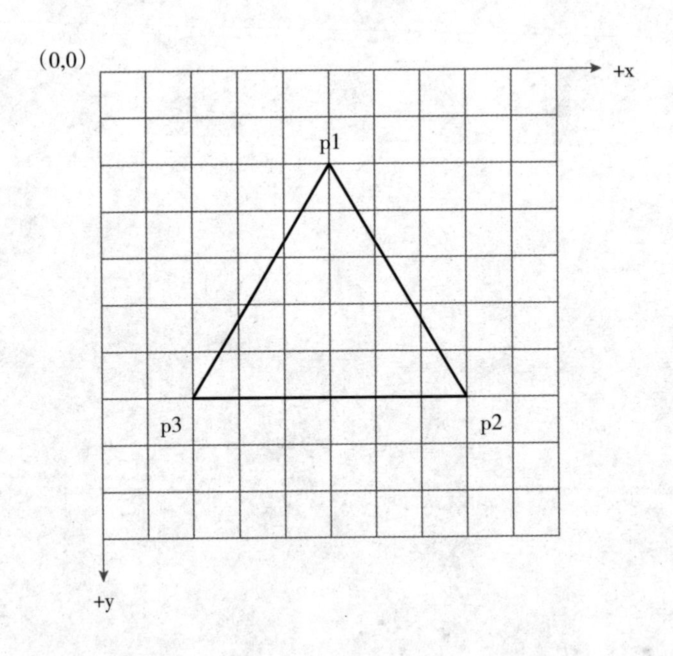

Triangle类

同样的，在程序中创建一个Triangle类。Triangle类有三个属性p1、p2、p3，分别表示三角形的三个顶点，它们都是Point类。area()方法返回三角形的面积，这里使用海伦公式来实现，先求出三角形的半周长，然后用半周长分别减去三条边的长度，把得到的三个数和半周长相乘，然后对结果开方就是三角形的面积。当然你也可以用向量叉乘的方法先计算出平行四边形的面积，然后除以2就是三角形面积 。如下图所示。

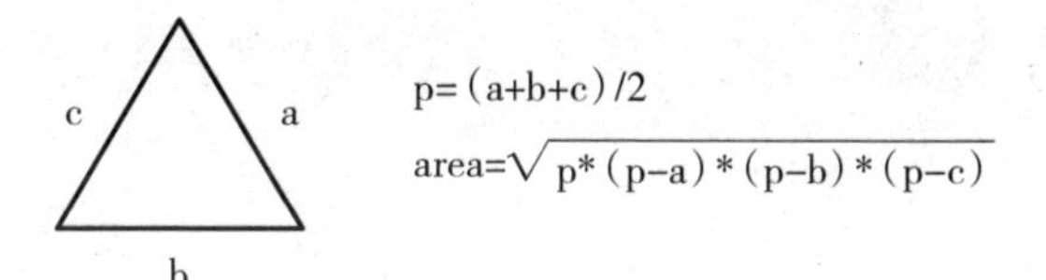


```
class Triangle {
  Point p1, p2, p3;

  Triangle(Point p1, Point p2, Point p3) {
    this.p1 = p1;
    this.p2 = p2;
    this.p3 = p3;
  }

  float area() { //计算三角形面积
    float a = p1.distance(p2);
    float b = p2.distance(p3);
    float c = p3.distance(p1);
    float p = (a+b+c)/2;
    return sqrt(p*(p-a)*(p-b)*(p-c));
  }
}
```

继续创建Triangle类的子类VisualTriangle类，和圆一样它也有两种绘制方法，displayStroke()和displayFill()方法，用于绘制三角形的轮廓或填充。在

Processing中可以使用triangle()函数来绘制三角形，函数需要分别指定三个顶点的坐标分量。

```
class VisualTriangle extends Triangle {
  color c;

  VisualTriangle(Point p1, Point p2, Point p3, color c) {
    super(p1, p2, p3);
    this.c = c;
  }

  VisualTriangle(Point p1, Point p2, Point p3) {
    super(p1, p2, p3);
    c = color(0);
  }

  void setColor(color c) {
    this.c = c;
  }

  void displayStroke() { //绘制轮廓
    stroke(c);
    noFill();
    triangle(p1.x, p1.y, p2.x, p2.y, p3.x, p3.y);
  }

  void displayFill() {    //绘制填充
    noStroke();
    fill(c);
    triangle(p1.x, p1.y, p2.x, p2.y, p3.x, p3.y);
  }
}
```

现在用VisualTriangle类在画面中随机创建20个三角形，并改变绘图模式让这些三角形产生差叠效果。

```
void render() {
  blendMode(DIFFERENCE);
```

```
  VisualTriangle[] triangles = new VisualTriangle[20];
  for (int i=0; i<triangles.length; i++) {
    Point p1 = new Point(random(width), random(height));
    Point p2 = new Point(random(width), random(height));
    Point p3 = new Point(random(width), random(height));
    triangles[i] = new VisualTriangle(p1, p2, p3, color(255));
  }

  for (VisualTriangle triangle : triangles) triangle.displayFill();
}
```

运行结果如下图所示。

然后对上面的代码进行调整，在创建三角形的时候，计算每个三角形的面积，并把三角形的面积映射为明度值。

```
void render() {
  blendMode(DIFFERENCE);

  VisualTriangle[] triangles = new VisualTriangle[20];
  for (int i=0; i<triangles.length; i++) {
    Point p1 = new Point(random(width), random(height));
    Point p2 = new Point(random(width), random(height));
    Point p3 = new Point(random(width), random(height));
    triangles[i] = new VisualTriangle(p1, p2, p3);
    float area = triangles[i].area();         //计算三角形面积
    float c = map(area, 0, 100000, 0, 255); //面积映射为明度值
    triangles[i].setColor(color(c));
  }

  for (VisualTriangle triangle : triangles) triangle.displayFill();
}
```

运行结果如下图所示。

求三角形外接圆

在上一章我们创建了Circle类，下面为三角形添加求外接圆的方法，并让它返回一个Circle类的实例。在求外接圆之前需要先求出三角形的外心（三角形外心等于三角形三条边中垂线的交点），如下图所示。下面给Triangle类添加circumcenter()方法来返回三角形外心，这里通过向量的方法来实现。

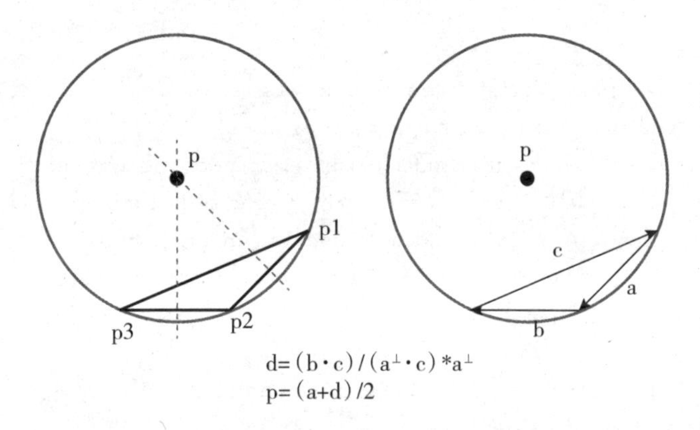


```
Point circumcenter() {
  Vector a = new Vector(p2.x-p1.x, p2.y-p1.y);
  Vector b = new Vector(p3.x-p2.x, p3.y-p2.y);
  Vector c = new Vector(p1.x-p3.x, p1.y-p3.y);
  Vector n = a.perpendicular();
  Vector d = n.mult(b.dot(c)/n.dot(c));
  Vector p = a.add(d).mult(.5).add(new Vector(p1.x, p1.y));
  return new Point(p.x, p.y);
}
```

有了求三角形外心circumcenter()方法以后，我们接着给Triangle类添加circumcircle()方法返回外接圆，外接圆为Circle类，需要两个参数，一个是圆心，可以直接调用circumcenter()方法得到，另一个是半径，三角形外接圆的半径等于外心到三角形任意一点的距离。

```
Circle circumcircle() {
  Point p = circumcenter(); //圆心
  float r = p1.distance(p); //半径
  return new Circle(p, r);
}
```

现在在画面中随机创建3个三角形，并把它们的外心和外接圆都绘制出来。

```
void render() {
  VisualTriangle[] triangles = new VisualTriangle[3];
  for (int i=0; i<triangles.length; i++) {
    Point p1 = new Point(random(width), random(height));
    Point p2 = new Point(random(width), random(height));
    Point p3 = new Point(random(width), random(height));
    triangles[i] = new VisualTriangle(p1, p2, p3, color(200));
  }

  for (VisualTriangle triangle : triangles) {
    triangle.displayStroke();
    Point p = triangle.circumcenter();         //求外心
    stroke(0);
    strokeWeight(5);
    point(p.x, p.y);
    Circle circle = triangle.circumcircle(); //求外接圆
    strokeWeight(2);
    noFill();
    ellipse(circle.p.x, circle.p.y, circle.r, circle.r);
  }
}
```

运行结果如下图所示。

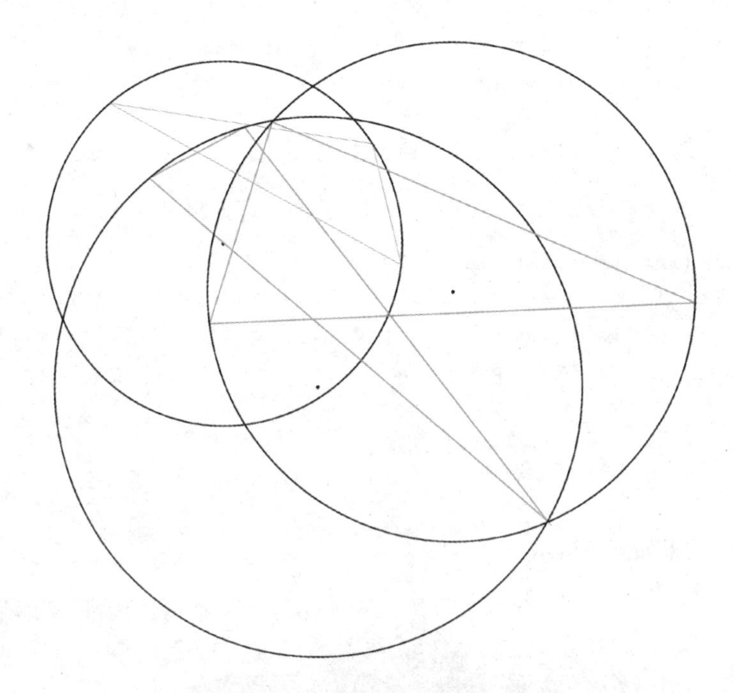

接下来创建n个点，n设置为5，并按照创建点的顺序创建n-2个三角形。然后迭代更新每个点的位置，让每个顶点都以下一个顶点为原点旋转，并绘制所有三角形的外接圆。

```
void render() {
  int n = 5;
  Point[] points = new Point[5];
  for (int i=0; i<n; i++) {
    points[i] = new Point(random(width), random(height));
  }

  Triangle[] triangles = new Triangle[n-2];
  for (int i=0; i<n-2; i++) {
    triangles[i] = new Triangle(points[i], points[i+1], points[i+2]);
  }

  stroke(0, 100);
  for (int time = 0; time<100; time++) {
```

```
    for (int i=0; i<n; i++) {
      int j = (i+1)%n;
      points[i].rotate(points[j], .01);
              //以下一个点为原点旋转
    }

    for (int i=0; i<n-2; i++) {
      Circle circle = triangles[i].circumcircle(); //求外接圆
      ellipse(circle.p.x, circle.p.y, circle.r, circle.r);
              //绘制外接圆
    }
  }
}
```

运行结果如下图所示。

下面给VisualTriangle类添加lerp()方法，分别在三角形的三条边上进行线性插值，得到指定位置的三个点，并以这三个点创建一个新的三角形。

```
VisualTriangle lerp(float t) {
  Point a = p1.lerp(p2, t);
  Point b = p2.lerp(p3, t);
  Point c = p3.lerp(p1, t);
  return new VisualTriangle(a, b, c, this.c); //返回插值后的三角形
}
```

接着在render()函数中创建一个三角形，并用for循环来迭代t值，让t值以指定步长增长，并绘制每个t时刻的插值三角形。如下图所示。

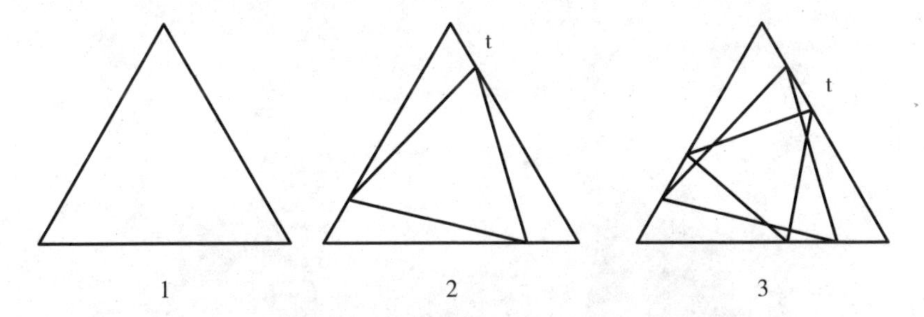

下面是具体实现，这里基于插值三角形的个数，把第i个三角形的t值映射为0到1区间的数值。如下图所示。

```
void render() {
  VisualTriangle triangle = new VisualTriangle(
    new Point(width/2, 0),
    new Point(width, height),
    new Point(0, height), color(0, 50)
  );

  VisualTriangle[] triangles = new VisualTriangle[100];
  for (int i=0; i<triangles.length; i++) {
    float t = map(i, 0, triangles.length, 0, 1);
                                    //t映射为0到1区间的数值
    triangles[i] = triangle.lerp(t); //创建插值三角形
  }
```

```
  for (VisualTriangle t : triangles) t.displayStroke();
}
```

运行结果如下图所示。

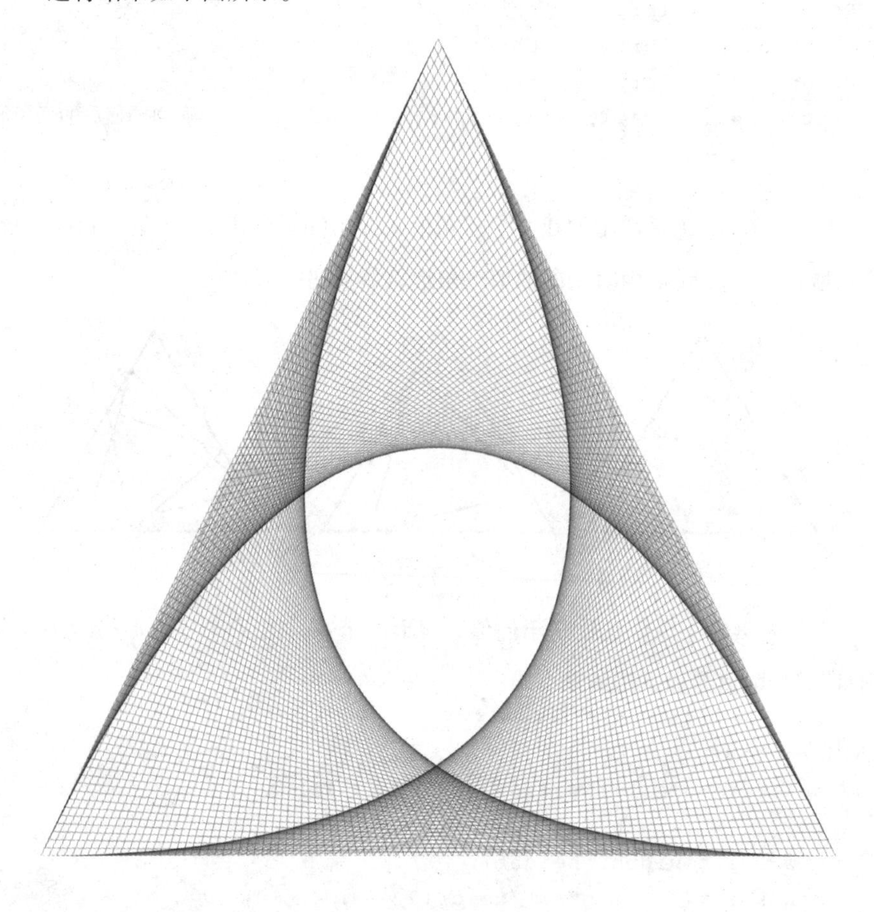

拆分并填充

下面为VisualTriangle类添加subdivide()方法，subdivide()方法可以把三角形细分成新的4个三角形。通过对三条边进行线性插值返回新的3个点，并用这

3个点和三角形的3个顶点组成新的4个三角形。subdivide()方法接收low和high两个参数，参数决定每条边插值的随机摆动区间，比如设置为0.5，会在三角形的每条边的中点插值。

```
VisualTriangle[] subdivide(float low, float high) {
  VisualTriangle[] triangles = new VisualTriangle[4];
  Point a = p1.lerp(p2, random(low, high));   //第一条边插值
  Point b = p2.lerp(p3, random(low, high));   //第二条边插值
  Point c = p3.lerp(p1, random(low, high));   //第三条边插值
  triangles[0] = new VisualTriangle(p1, a, c);
  triangles[1] = new VisualTriangle(p2, b, a);
  triangles[2] = new VisualTriangle(p3, c, b);
  triangles[3] = new VisualTriangle(a, b, c); //中心三角形
  return triangles;
}
```

然后在主标签中添加subdivide()递归函数，该函数通过递归调用不断对三角形向下细分生成新的三角形，在细分过程中，每个三角形都会基于一定的概率产生细分，如果满足概率，则继续细分，否则判断是否满足填充概率，如果满足，绘制填充。另外，如果三角形的面积小于500也会终止细分。下图为三角形执行3次细分的过程。

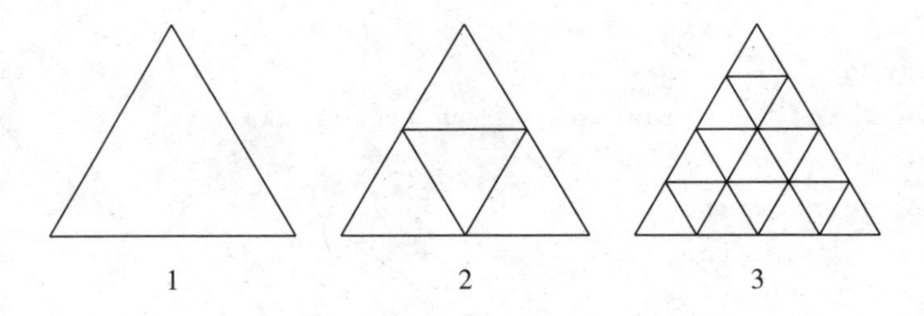


```
void subdivide(VisualTriangle triangle) {
  if (triangle.area()<500) return; //判断面积是否小于500

  VisualTriangle[] triangles = triangle.subdivide(.4, .6);
                                      //细分三角形
```

```
  for (int i=0; i<triangles.length; i++) {
    noFill();
    triangle(
      triangles[i].p1.x, triangles[i].p1.y,
      triangles[i].p2.x, triangles[i].p2.y,
      triangles[i].p3.x, triangles[i].p3.y
      );
      if (random(1)<.8) {    //判断是否细分
        subdivide(triangles[i]);
      } else {
        if (random(1)<.2) { //判断是否填充
          fill(0);
          triangle(
            triangles[i].p1.x, triangles[i].p1.y,
            triangles[i].p2.x, triangles[i].p2.y,
            triangles[i].p3.x, triangles[i].p3.y
          );
        }
      }
    }
  }
```

最后在render函数中绘制两个三角形，并调用subdivide()递归函数生成细分三角形。

```
void render() {
  VisualTriangle triangle1 = new VisualTriangle(
    new Point(0, 0),
    new Point(width, 0),
    new Point(0, height)
    );
  subdivide(triangle1);

  VisualTriangle triangle2 = new VisualTriangle(
    new Point(width, 0),
    new Point(width, height),
```

```
    new Point(0, height)
    );
  subdivide(triangle2);
}
```

运行结果如下图所示。

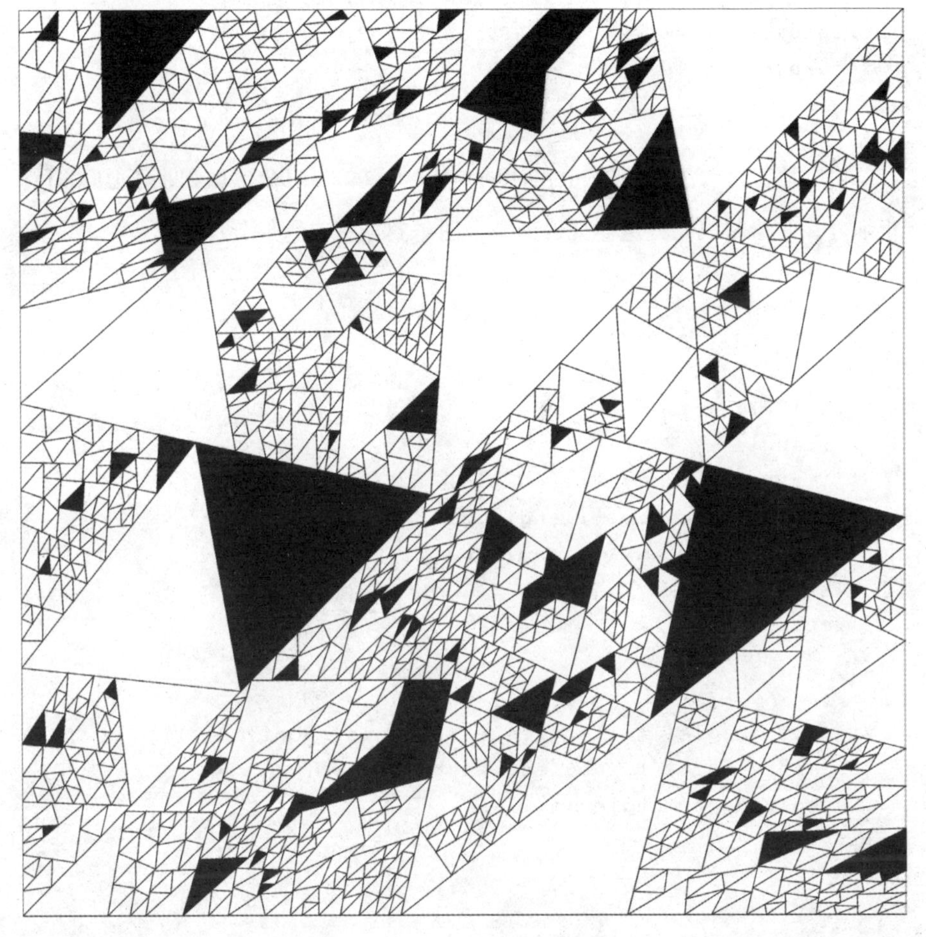

还可以修改VisualTriangle类的subdivide()方法，忽略中间的三角形，让它返回3个三角形。

```
VisualTriangle[] subdivide() {
  VisualTriangle[] triangles = new VisualTriangle[3];
  Point a = p1.lerp(p2, .5);
  Point b = p2.lerp(p3, .5);
  Point c = p3.lerp(p1, .5);
  triangles[0] = new VisualTriangle(p1, a, c);
  triangles[1] = new VisualTriangle(p2, b, a);
  triangles[2] = new VisualTriangle(p3, c, b);
  return triangles;
}
```

相应地，修改主标签的subdivide()递归函数，当三角形面积小于1000时终止细分，并绘制填充，这样会得到一个谢尔宾斯基三角形分形图形。

```
void subdivide(VisualTriangle triangle) {
  if (triangle.area()<1000) {
    noStroke();
    fill(0);
    triangle(
      triangle.p1.x, triangle.p1.y,
      triangle.p2.x, triangle.p2.y,
      triangle.p3.x, triangle.p3.y
      );
    return;
  }

  VisualTriangle[] triangles = triangle.subdivide();
  for (int i=0; i<triangles.length; i++) {
    subdivide(triangles[i]);
  }
}
```

运行结果如下图所示。

7

矩形 RECTANGLE

在几何中，四个内角都是直角的四边形为矩形，面积等于长乘以宽。矩形对应的两条边长度相等。如果两个矩形相交，相交部分会得到一个新的矩形。在平面构成中经常用矩形来建立图形元素布局的骨骼或网格。在计算机二维平面中可以通过左上角角点和长宽来绘制矩形，也可以用左上角和右下角两个角点来确定一个矩形，如下图所示。在图形碰撞检测中也会通过返回不规则图形的最小包围矩形来检测碰撞。矩形常用面积分割的方式来表现数据之间的关系。

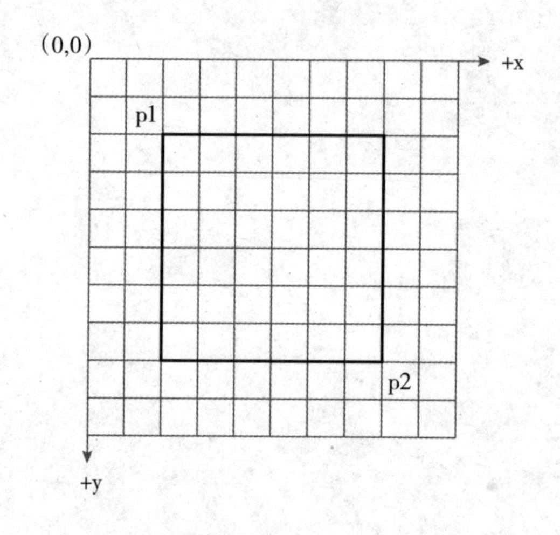

Rectangle类

下面创建Rectangle类，Rectangle类的构造函数接收两个参数p1和 p2，分别是矩形左上角和右下角的两个角点，这里不要求两个角点在传入时的顺序必须按照“左上角到右下角”的顺序，而是在构造函数中通过判断最小值和最大值坐标重新分配两个角点坐标。这样做的好处是，当我们通过随机的方式创建矩形的两个角点时，可能会得到不同顺序的两个角点，但是构造函数帮我们修正了这个问题，这确保了之后矩形求交算法的正确性。Rectangle类还包含一个计算矩形面积的area()方法，矩形面积通过长×宽计算得到。因为Rectangle矩形类是通过两个角点来确定，所以还创建了vertexs()和edges()方法，分别返回矩形的四个角点和四条边。

```
class Rectangle {
  Point p1, p2;

  Rectangle(Point p1, Point p2) {
    //修正两个角点
    this.p1 = new Point(min(p1.x, p2.x), min(p1.y, p2.y));
    this.p2 = new Point(max(p1.x, p2.x), max(p1.y, p2.y));
  }

  float area() {              //计算面积
    return abs(p2.x-p1.x) * abs(p2.y-p1.y);
  }

  Point[] vertexs() {         //返回四个角点
    Point[] points = new Point[4];
    points[0] = p1.copy();
    points[1] = new Point(p2.x, p1.y);
    points[2] = p2.copy();
    points[3] = new Point(p1.x, p2.y);
    return points;
  }

  Line[] edges() {  //返回四条边
    Point p3 = new Point(p2.x, p1.y);
    Point p4 = new Point(p1.x, p2.y);
    Line[] lines = new Line[4];
    lines[0] = new Line(p1, p3);
```

```
    lines[1] = new Line(p3, p2);
    lines[2] = new Line(p2, p4);
    lines[3] = new Line(p4, p1);
    return lines;
  }
}
```

VisualRectangle类和上一章最开始的VisualTriangle类没有太大区别，只是多了一个绘制轮廓线宽度的属性w。VisualRectangle类同样也包含了displayStroke()和displayFill()方法用于绘制矩形轮廓或填充。在Processing中通过rect()函数可以绘制矩形，绘制矩形和圆一样，可以指定不同的绘制模式。通过rectMode()函数可以设置矩形绘制模式，这里使用左上角和右下角坐标方式来绘制矩形，在setup()函数中我们已经把矩形绘制模式设置为了CORNERS。

```
classVisualRectangle extends Rectangle {
  float w;
  color c;

  VisualRectangle(Point p1, Point p2, float w, color c) {
    super(p1, p2);
    this.w = w;
    this.c = c;
  }

  VisualRectangle(Point p1, Point p2) {
    super(p1, p2);
    w = 1;
    c = color(0);
  }

  voidsetWeight(float w) {
    this.w = w;
  }

  voidsetColor(color c) {
    this.c = c;
  }
```

```
  voiddisplayStroke() {
    stroke(c);
    strokeWeight(w);
    noFill();
    rect(p1.x, p1.y, p2.x, p2.y);
  }

  voiddisplayFill() {
    noStroke();
    fill(c);
    rect(p1.x, p1.y, p2.x, p2.y);
  }
}
```

下面在画面中创建20个矩形，并且随机生成矩形的两个角点，然后计算每个矩形的面积，把面积映射为轮廓线条的宽度。

```
void render() {
  VisualRectangle[] rectangles = new VisualRectangle[20];
  for (inti=0; i<rectangles.length; i++) {
    rectangles[i] = new VisualRectangle(
      new Point(random(width), random(height)),
      new Point(random(width), random(height)));
    float area = rectangles[i].area();              //计算面积
    float w = map(area, 0, width*height, 1, 10); //面积映射为线条宽度
    rectangles[i].setWeight(w);
  }

  for (VisualRectanglerect : rectangles) rect.displayStroke();
}
```

运行结果如下图所示。

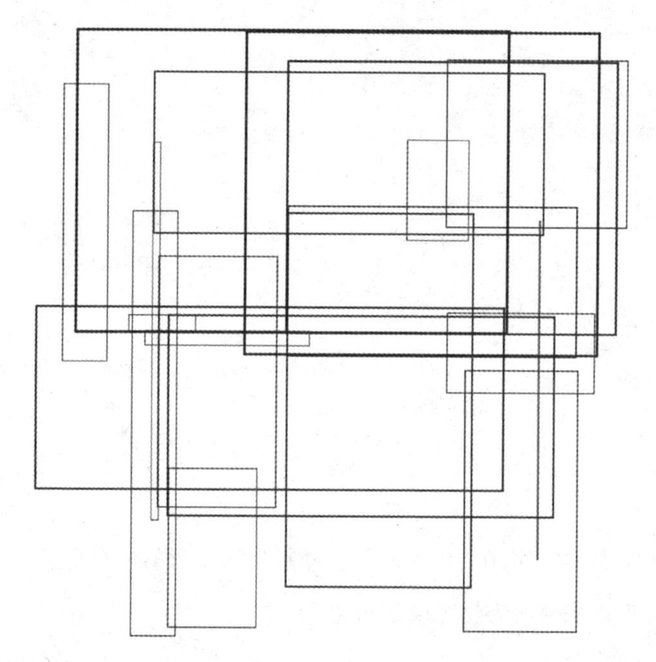

接着为矩形添加一个contains()方法，contains()方法用于检测点是否包含在矩形内，如果包含，返回这个点，否者返回null。

```
Point contains(Point p) {
  if (p.x>p1.x &&p.x<p2.x &&p.y>p1.y &&p.y<p2.y) {
    return p;
  } else {
    return null;
  }
}
```

运行结果如下图所示。

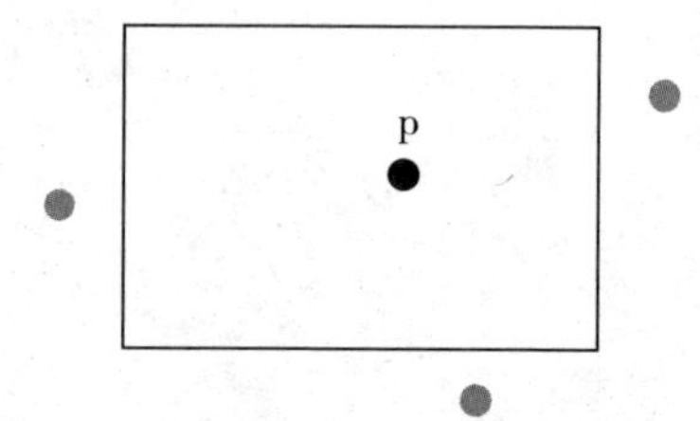

现在使用矩形的contains()方法来生成图形，在画面中创建100个随机矩形和10个随机点，用for循环迭代这些矩形和点，如果矩形包含某个点，就在点和矩形的两个角点之间绘制线条，并更新矩形的位置。为了实现更新矩形位置，为矩形VisualRectangle类添加一个velocity速度属性和update()方法，让矩形基于速度更新位置。

```
classVisualRectangle extends Rectangle {
  Vector velocity;

  void update() {
    p1.x += velocity.x;
    p1.y += velocity.y;
    p2.x += velocity.x;
    p2.y += velocity.y;
  }
}
```

然后在rander()函数中，设置每个矩形的速度为随机，并在每次迭代时判断是否包含点，如果包含，调用update()方法更新矩形位置，并以被包含点和矩形的两个角点为端点绘制两条线段。

```
void render() {
  VisualRectangle[] rectangles = new VisualRectangle[100];
  for (inti=0; i<rectangles.length; i++) {
    rectangles[i] = new VisualRectangle(
      new Point(random(width), random(height)),
      new Point(random(width), random(height)));
    rectangles[i].velocity = new Vector(random(-3, 3), random (-3, 3));
                                    //速度设置为随机
  }

  Point[] points = new Point[10];
    for (inti=0; i<points.length; i++) {
      points[i] = new Point(random(width), random(height));
    }
```

```
    for (int time=0; time<1000; time++) {
      for (inti=0; i<rectangles.length; i++) {
      VisualRectanglerect = rectangles[i];
      for (int j=0; j<points.length; j++) {
        Point p = rect.contains(points[j]);
        if (p!=null) {       //判断是否包含点
          rect.update();    //更新位置
          stroke(0, 10);
          line(p.x, p.y, rect.p1.x, rect.p1.y);
          line(p.x, p.y, rect.p2.x, rect.p2.y);
        }
      }
    }
  }
}
```

运行结果如下图所示。

下面重载Rectangle类的contains()方法，把传入参数改为矩形，让该方法可以返回两个矩形相互包含的所有角点。在contains()方法中，首先返回两个矩形的所有角点，然后分别判断每个矩形包含对方的角点，如果包含，将点添加到数组中。通过这样的方式可以得到两个矩形相互包含的所有角点。

```
ArrayList<Point>contains(Rectangle rect) {
  Point[] points1 = vertexs();
  Point[] points2 = rect.vertexs();
  ArrayList<Point> points = new ArrayList<Point>();
  for (inti=0; i<4; i++) {
    Point p = contains(points2[i]);
    if (p != null) points.add(p);
  }
  for (inti=0; i<4; i++) {
    Point p = rect.contains(points1[i]);
    if (p != null) points.add(p);
  }
  return points;
}
```

运行结果如下图所示。

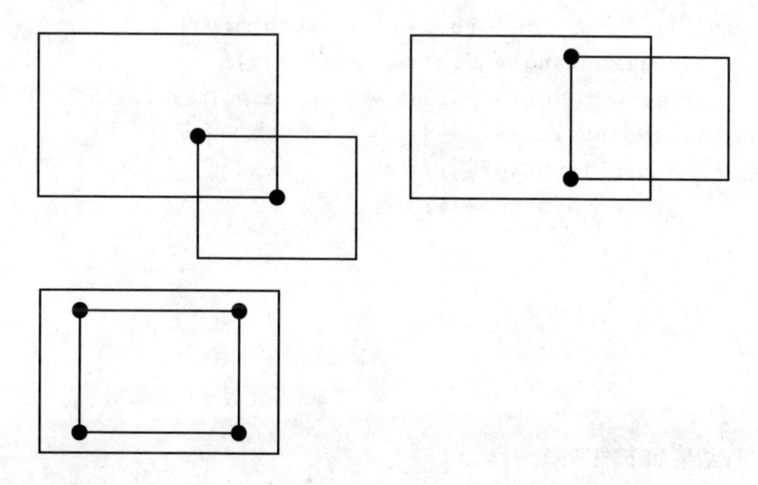

现在利用矩形相互包含角点contains()方法，判断返回角点是否等于4，

可以判断是否存在一个矩形完全包含在另一矩形内部的情况。下面的程序在画面中创建了10个矩形，并在for循环中迭代这些矩形，每次迭代都基于矩形的速度更新矩形的位置，这里把所有随机速度方向都限制在了45度角斜线方向。然后判断每两个矩形之间包含角点是否等于4，如果等于4就绘制这两个矩形。

```
void render() {
  VisualRectangle[] rectangles = new VisualRectangle[10];
  for (inti=0; i<rectangles.length; i++) {
    rectangles[i] = new VisualRectangle(
      new Point(random(width), random(height)),
      new Point(random(width), random(height)),
      1, color(0, 100));
    float v = random(-5, 5);
    rectangles[i].velocity = new Vector(v, v);
  }

  for (int time=0; time<100; time++) {
    for (inti=0; i<rectangles.length; i++) {
      VisualRectangle a = rectangles[i];
      a.update();
      for (int j=i+1; j<rectangles.length; j++) {
        VisualRectangle b = rectangles[j];
        ArrayList<Point> points = a.contains(b); //计算包含角点
        if (points.size()==4) { //判断包含角点是否等于4
          a.displayStroke();
          b.displayStroke();
        }
      }
    }
  }
}
```

运行结果如下图所示。

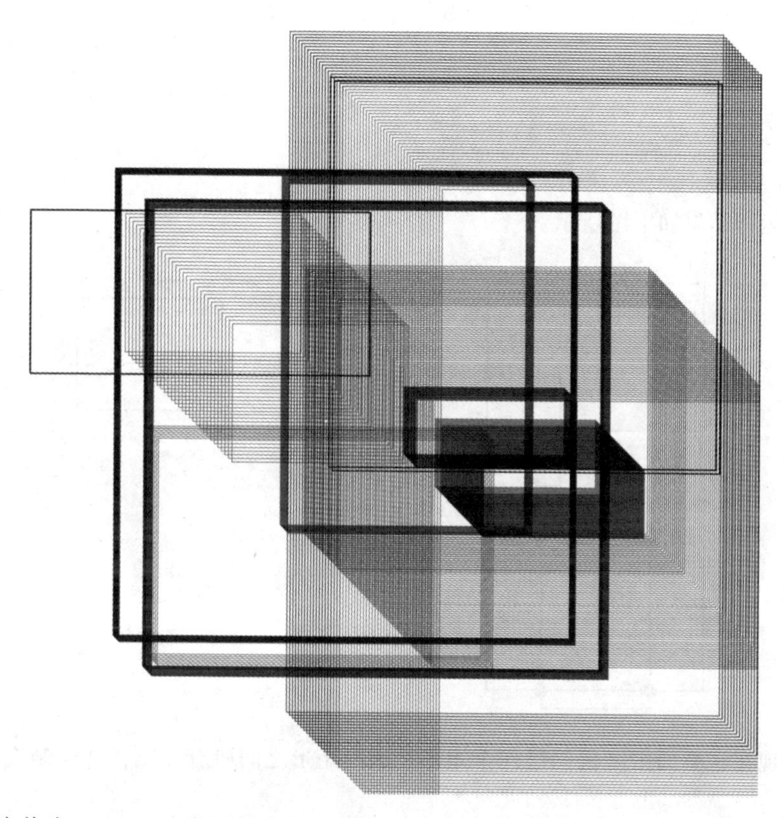

接着为Rectangle类添加intersectPoint()方法，用于求两个矩形的交点，求交点可以通过返回两个矩形的4条边，然后计算所有边的交点即可，因为返回边的类型为Line类，所以可以直接调用Line类的intersect()方法来求出两个矩形的所有交点。

```
ArrayList<Point>intersectPoint(Rectangle rect) {
  Line[] edges1 = edges();
  Line[] edges2 = rect.edges();
  ArrayList<Point> points = new ArrayList<Point>();
  for (inti=0; i<4; i++) {
  for (int j=0; j<4; j++) {
    Point p = edges1[i].intersect(edges2[j]);
                                          //求线段交点
    if (p != null) points.add(p);
```

```
    }
  }
  return points;
}
```

运行结果如下图所示。

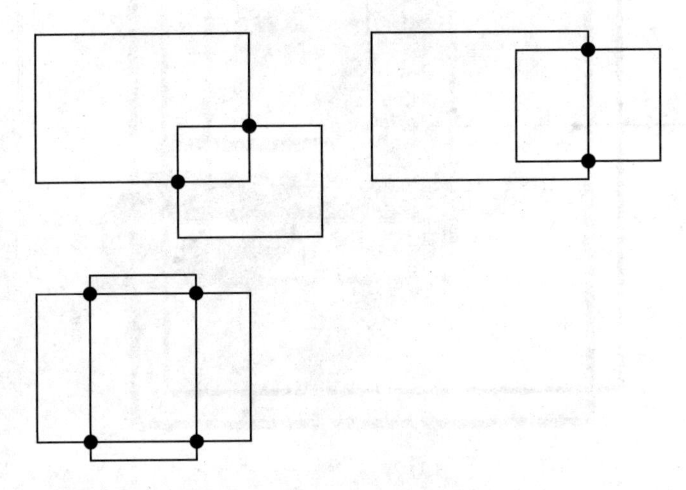

现在在画面中随机创建10个矩形，求出矩形之间所有交点，并绘制交点。

```
void render() {
  VisualRectangle[] rectangles = new VisualRectangle[10];
  for (inti=0; i<rectangles.length; i++) {
    rectangles[i] = new VisualRectangle(
      new Point(random(width), random(height)),
      new Point(random(width), random(height)));
    }

    for (VisualRectanglerect : rectangles) rect.displayStroke();

    for (inti=0; i<rectangles.length; i++) {
    VisualRectangle a = rectangles[i];
    for (int j=i+1; j<rectangles.length; j++) {
      VisualRectangle b = rectangles[j];
      ArrayList<Point> points = a.intersectPoint(b); //求交点
      for (int k=0; k<points.size(); k++) {
```

```
        Point p = points.get(k);
        stroke(0);
        strokeWeight(5);
        point(p.x, p.y);
      }
    }
  }
}
```

运行结果如下图所示。

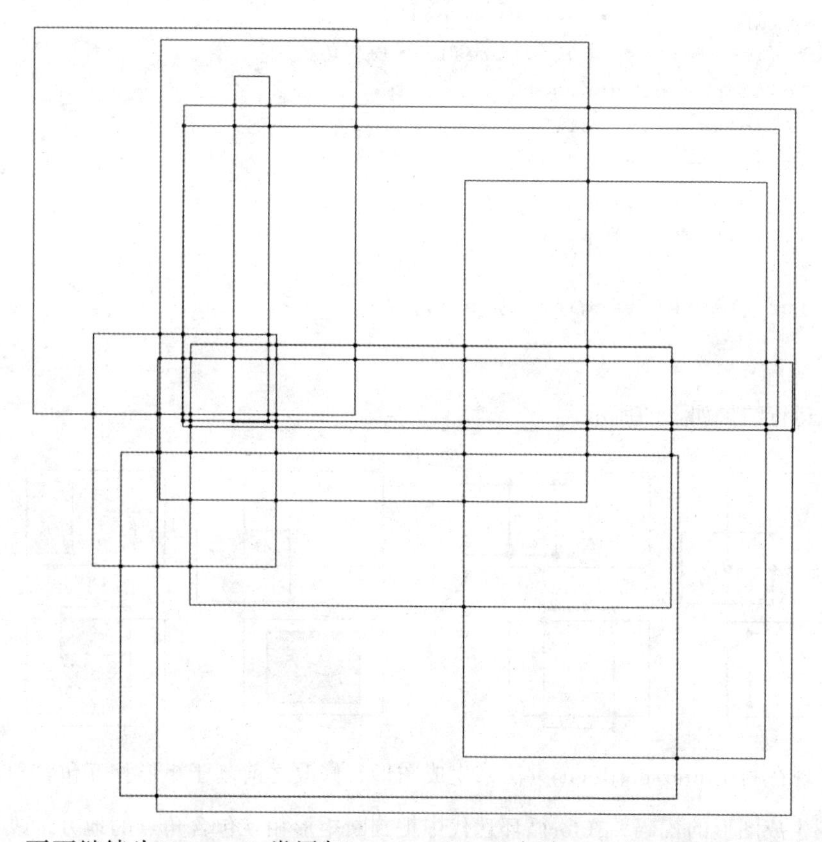

下面继续为Rectangle类添加intersectRect()方法，intersectRect()方法返回两个矩形相交区域的矩形。通过contains()方法返回矩形相互包含的角点，再通过intersectPoint()方法返回矩形之间的所有交点。如果矩形存在相交情况，可以通过这两个方法得到4个角点，这4个角点为相交区域矩形的4个角点。通过判断4个角点的坐标位置，可以确定左上角和右下角两个角点，最后根据这两个角点返回相交区域矩形。

```
Rectangle intersectRect(Rectangle rect) {
  ArrayList<Point> points = intersectPoint(rect);
  points.addAll(contains(rect));
  if (points.size()==0) return null;
  //如果不存在包含和相交点，返回null
  Point p1 = points.get(0).copy();
  Point p2 = points.get(0).copy();
  for (inti=0; i<points.size(); i++) {
    Point p = points.get(i);
    if (p.x< p1.x) p1.x = p.x;
    if (p.x> p2.x) p2.x = p.x;
    if (p.y< p1.y) p1.y = p.y;
    if (p.y> p2.y) p2.y = p.y;
  }
  return new Rectangle(p1, p2);
}
```

运行结果如下图所示。

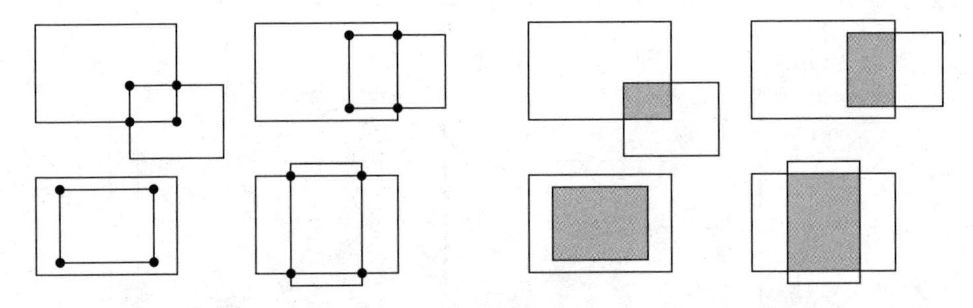

现在利用intersectRect()方法来生成图形，修改之前基于矩形相互包含角点规则生成图形的代码，在for循环迭代中把判断矩形相互包含角点的地方，改为判断矩形之间是否存在相交区域矩形，如果存在，绘制相交区域矩形。

```
for (int time=0; time<100; time++) {
```

```
  for (inti=0; i<rectangles.length; i++) {
    VisualRectangle a = rectangles[i];
    a.update();
    for (int j=i+1; j<rectangles.length; j++) {
      VisualRectangle b = rectangles[j];
      Rectangle rect = a.intersectRect(b); //返回相交区域矩形
      if (rect != null) { //判断是否存在相交区域矩形
        stroke(0, 100);
        strokeWeight(1);
        noFill();
        rect(rect.p1.x, rect.p1.y, rect.p2.x, rect.p2.y); //绘制矩形
      }
    }
  }
}
```

运行结果如下图所示。

下面还是基于intersectRect()方法构建图形，这次通过intersectRect()方法返回相交区域矩形，并在相交区域矩形中填充垂直线段，线段之间的间隔这里设置成了5，可以通过矩形宽度除以间隔来计算生成线段的数量。

```
void render() {
  VisualRectangle[] rectangles = new VisualRectangle[20];
  for (inti=0; i<rectangles.length; i++) {
    rectangles[i] = new VisualRectangle(
      new Point(random(width), random(height)),
      new Point(random(width), random(height)),
      1, color(0, 50));
    }

    for (inti=0; i<rectangles.length; i++) {
      VisualRectangle a = rectangles[i];
      for (int j=i+1; j<rectangles.length; j++) {
        VisualRectangle b = rectangles[j];
        Rectangle rect = a.intersectRect(b); //返回相交区域矩形
        if (rect != null) {
          stroke(0);
          strokeWeight(1);
          int n = int((rect.p2.x - rect.p1.x)/5); //计算线段数量
          for (int k=0; k<n; k++) {
          float x = map(k, 0, n, rect.p1.x, rect.p2.x);
          line(x, rect.p1.y, x, rect.p2.y); //绘制线段
        }
      }
    }
  }
}
```

运行结果如下图所示。

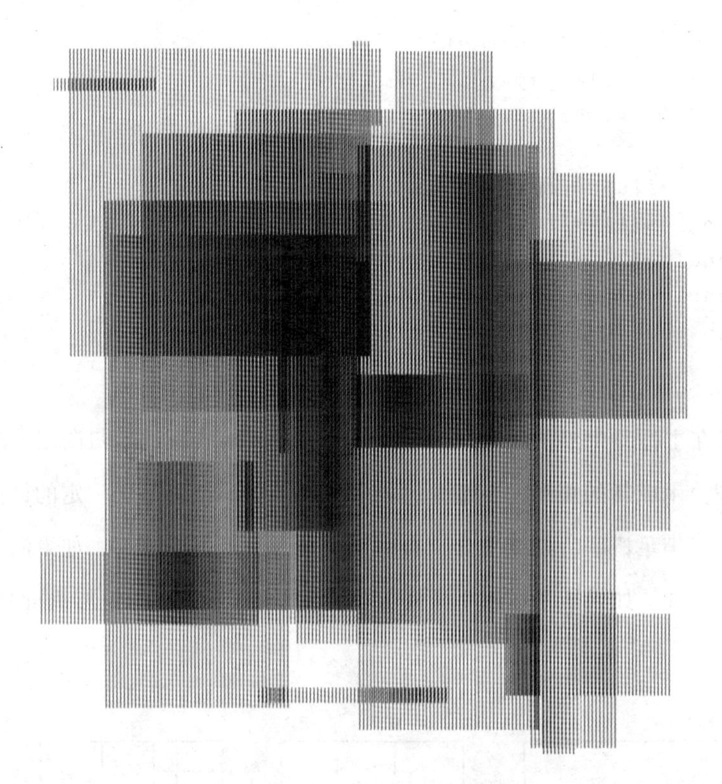

接着为VisualRectangle类添加subdivide()方法，subdivide()方法可以把矩形细分成4个新的矩形。通过对矩形4条边线性插值并计算中间交点返回新的5个点，然后用这5个点和矩形的2个角点组成新的4个矩形。subdivide()方法接收u和v两个参数，u参数决定水平两条边的插值位置，v参数决定垂直两条边的插值位置，如果都设置为0.5，会在矩形每条边的中点插值。

```
VisualRectangle[] subdivide(float u, float v) {
  VisualRectangle[] rectangles = new VisualRectangle[4];

  float x = map(u, 0, 1, p1.x, p2.x);
  float y = map(v, 0, 1, p1.y, p2.y);
  Point p = new Point(x, y); //创建中间点
  Point p3 = new Point(p2.x, p1.y);
  Point p4 = new Point(p1.x, p2.y);
  Point a = p1.lerp(p3, u);
```

```
  Point b = p3.lerp(p2, v);
  Point c = p1.lerp(p4, u);
  Point d = p4.lerp(p2, v);

  rectangles[0] = new VisualRectangle(p1, p);
  rectangles[1] = new VisualRectangle(a, b);
  rectangles[2] = new VisualRectangle(p, p2);
  rectangles[3] = new VisualRectangle(d, c);
  return rectangles;
}
```

然后在主标签中添加subdivide()递归函数，该函数通过递归调用不断对矩形向下细分生成新的矩形，在细分过程中，每个矩形都会基于一定的概率产生细分，如果满足概率，继续细分，否则判断是否满足填充概率，如果满足，绘制填充。另外，如果矩形面积小于500也会终止细分。下图为矩形执行3次细分的过程。

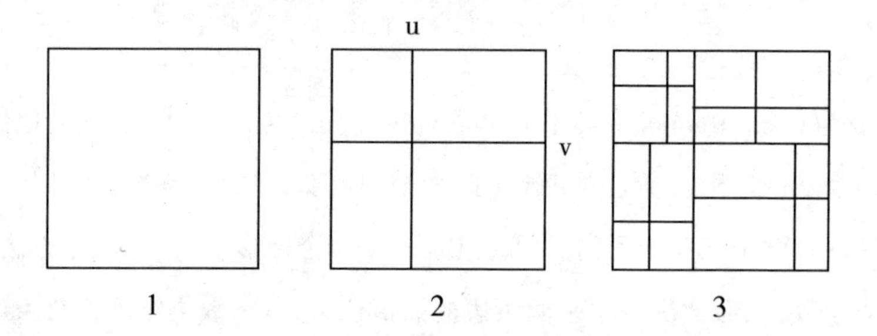


```
void subdivide(VisualRectangle rectangle) {
  if (rectangle.area()<500) return;
  VisualRectangle[] rectangles = rectangle.subdivide(.5, .5);
  for (inti=0; i<rectangles.length; i++) {
    rectangles[i].displayStroke();
    if (random(1)<.9) {    //判断是否细分
      subdivide(rectangles[i]);
    } else {
      if (random(1)<.2) { //判断是否填充
        rectangles[i].displayFill();
```

```
        }
      }
    }
  }
```

现在在render()函数中创建一个矩形，并调用subdivide()递归函数生成细分矩形。

```
void render() {
  VisualRectanglerect = new VisualRectangle(
    new Point(0, 0),
    new Point(width, height));
  subdivide(rect);
}
```

运行结果如下图所示。

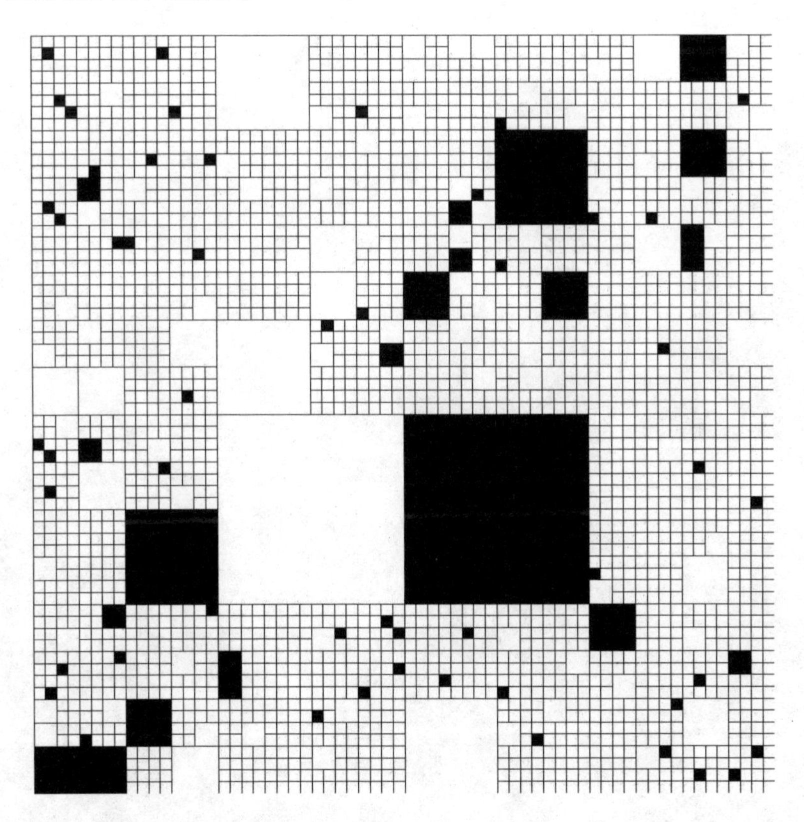

上面的细分程序在细分递归函数中u、v值使用了固定值0.5，现在把它们改为随机值，随机区间在0.1到0.9之间，生成不规则细分。

```
void subdivide(VisualRectangle rectangle) {
  if (rectangle.area()<500) return;
  float u = random(.1, .9); //随机u值
  float v = random(.1, .9); //随机v值
  VisualRectangle[] rectangles = rectangle.subdivide(u, v);
                                    //生成细分矩形
  for (inti=0; i<rectangles.length; i++) {
    rectangles[i].displayStroke();
    if (random(1)<.9) {
      subdivide(rectangles[i]);
    } else {
      if (random(1)<.2) {
        rectangles[i].displayFill();
      }
    }
  }
}
```

运行结果如下图所示。

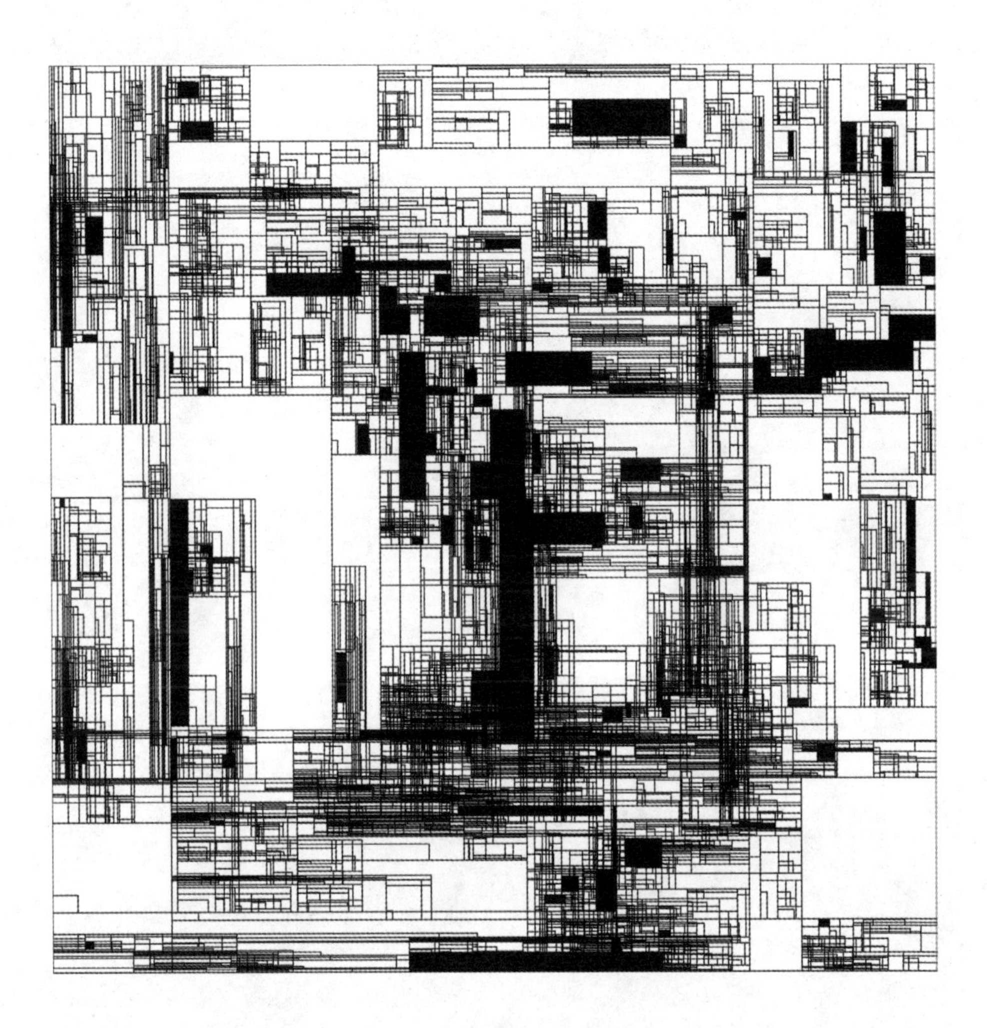

8

数 NUMBER

我们通常在得到一些数据的时候会对这些数据进行初步的基础统计分析，衡量它们的特征和集中趋势。本章我们来学习对数的处理，通过程序实现一些基础统计的算法，包括最大值、最小值、极差、求和、平均数、方差、标准差、众数、中位数，这些算法在其他场景中也会经常用到。在本章最后还会学习基于排序算法的数据交换历史可视化，还有环形图的绘制。

数值范围

一般在程序读入数据后，往往需要为数据选择正确的数值范围，不同的数据类型它们的取值范围也不一样，所以要确保你的数据和之后对数据所做的计算结果包含在数据类型的取值范围内，否则很可能会出现一些错误。

```
byte b = 120;
b += 10;
println(b); //-126
```

可以看到上面代码的最终输出为-126，而正确结果应该是130，这是因为byte类型的取值范围是 -128 ~ 127，当数据超出取值范围时会出现溢出现象，结果就是超出的部分会自动返回到取值范围的另一边开始累计，所以上面的变量b最终得到的是-126。为了避免这种情况发生，要为数据选择正确的数据类型，通过数据类型提供的静态属性，得到相应数据类型的取值范围。

```
//byte
println(Byte.MIN_VALUE); //-128
```

```
println(Byte.MAX_VALUE); //127
//char
println((int)Character.MIN_VALUE); //0
println((int)Character.MAX_VALUE); //65535
//int
println(Integer.MIN_VALUE); //-2147483648
println(Integer.MAX_VALUE); //2147483647
//long
println(Long.MIN_VALUE); //-9223372036854775808
println(Long.MAX_VALUE); //9223372036854775807
//float
println(Float.MIN_VALUE); //1.4E-45
println(Float.MAX_VALUE); //3.4028235E38
//double
println(Double.MIN_VALUE); //4.9E-324
println(Double.MAX_VALUE); //1.7976931348623157E308
```

最大值和最小值

下面来实现：求一组数值数据的最大值和最小值。

求一组数值型数据的最大值，可以通过遍历数组中所有的数值进行比较求得，首先暂存第一个数值为最大值，接着用第二个数值与暂存的数值做比较，如果第二个数值大于暂存数值，就用第二个数值替换当前暂存数值，否则继续与下一个数值做比较，重复同样的方法直到对比完数组中的最后一个数值，最后存储的结果就是这组数据中的最大值。如下图所示。

```
void setup() {
  float[] data = {7, 3, 9, 4, 5, 8, 2, 1, 0, 6};
  println(maxNumber(data)); //9
}
```

```
floatmaxNumber(float[] data) {
  float result = data[0];
  for (inti=1; i<data.length; i++) {
    if (data[i]>result) result = data[i]; //替换最大值
  }
  return result;
}
```

求一组数值型数据的最小值，和求最大值的算法类似，只不过在遍历数组的时候，每次比较都暂存最小的数，最后得到的结果就是组数中的最小值。如下图所示。

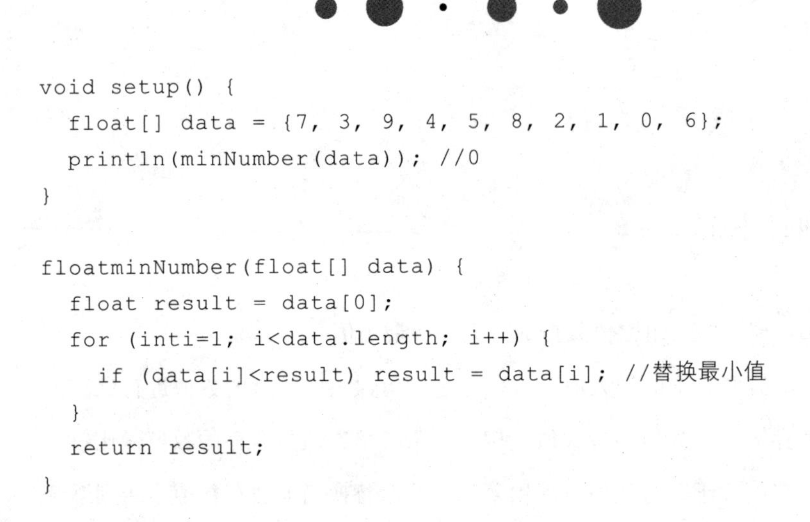


```
void setup() {
  float[] data = {7, 3, 9, 4, 5, 8, 2, 1, 0, 6};
  println(minNumber(data)); //0
}

floatminNumber(float[] data) {
  float result = data[0];
  for (inti=1; i<data.length; i++) {
    if (data[i]<result) result = data[i]; //替换最小值
  }
  return result;
}
```

极差

极差常用来度量数据的变化范围，极差等于最大值减去最小值。如下图所示。

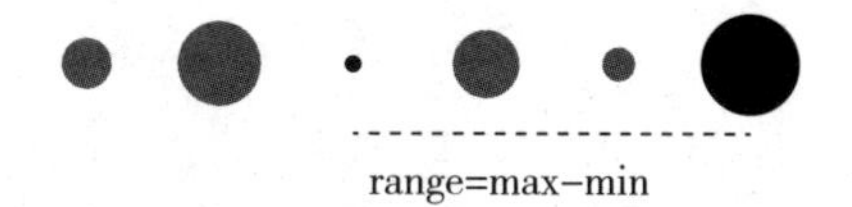


```
void setup() {
  float[] data = {7, 3, 9, 4, 5, 8, 2, 1, 0, 6};
  println(range(data)); //9
}

float range(float[] data) {
  return maxNumber(data) - minNumber(data); //最大值减最小值
}
```

如果想在程序里得到无穷大或无穷小的数可以通过Float或Double的静态属性获得。

```
println(Float.NEGATIVE_INFINITY); //-Infinity
println(Float.POSITIVE_INFINITY); //Infinity
println(Double.NEGATIVE_INFINITY); //-Infinity
println(Double.POSITIVE_INFINITY); //Infinity
```

另外，在做数值计算的时候，用一个负数除以0会得到负无穷大，用一个正数除以0会得到正无穷大。

```
println(-1.0/0); //-Infinity
println(1.0/0); //Infinity
```

求和

对一组数据求和只需要把数组中的数值逐个相加。如下图所示。

```
void setup() {
  float[] data = {7, 3, 9, 4, 5, 8, 2, 1, 0, 6};
  println(sum(data)); //45
}

float sum(float[] data) {
  float result = 0;
  for (inti=0; i<data.length; i++) {
    result += data[i]; //累加
  }
  return result;
}
```

平均数

求一组数据的算数平均数可以通过求和，再除以数组元素个数得到。如下图所示。

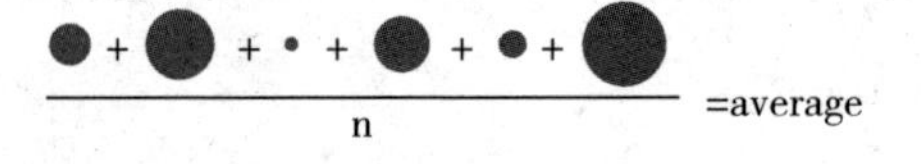


```
void setup() {
  float[] data = {7, 3, 9, 4, 5, 8, 2, 1, 0, 6};
  println(average(data)); //4.5
}

float average(float[] data) {
  return sum(data)/data.length; //和除以个数
}
```

方差

方差常用来评估数据集的离散程度，方差是数组中每个元素的数值到平均数的距离平方和，再除以元素个数。如下图所示。

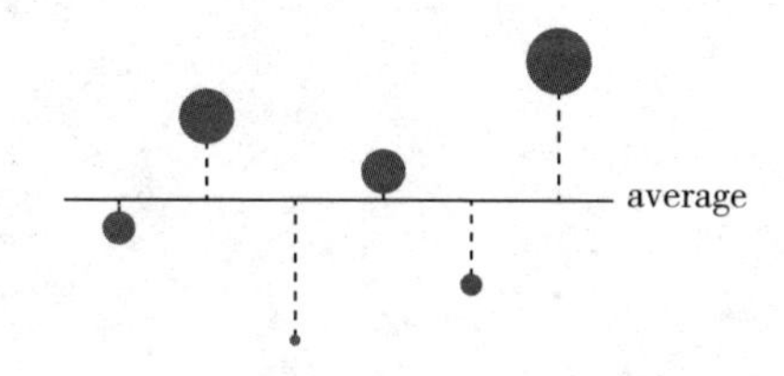


```
void setup() {
  float[] data = {7, 3, 9, 4, 5, 8, 2, 1, 0, 6};
  println(variance(data)); //8.25
}

float variance(float[] data) {
  float average = average(data); //平均数
  float sum = 0;
  for (inti=0; i<data.length; i++) {
    sum += pow(data[i]-average, 2);
                         //当前值与平均数差的平方
  }
  return sum/data.length;
}
```

标准差

标准差（均方差）也是用于度量数据的分散程度，对方差进行开方可以得到标准差。

```
void setup() {
  float[] data = {7, 3, 9, 4, 5, 8, 2, 1, 0, 6};
```

```
  println(standardDeviation(data)); //2.8722813
}

floatstandardDeviation(float[] data) {
  return sqrt(variance(data)); //方差开方
}
```

众数

众数是求一组数据中出现次数最多的元素，众数有时候不止一个，如果有多个元素出现次数相同，而且次数最多，那么这些元素都是众数。如果一组数据中各元素出现的次数一样，那么这组数据中就没有众数。

下面的算法通过mode()函数来实现众数计算，函数内部的dict局部变量用来记录各个元素出现的次数，在计算完各个元素出现的次数后，再基于出现次数对dict进行降序排序，通过判断第一个和最后一个元素出现的次数是否相同，可以确定所有元素出现次数是否相同，如果相同则函数返回null，如果不同继续对比第二个和第一个元素出现的次数是否相同，如果相同说明第二个元素也是众数，以此类推直到把所有众数找出来为止。如下图所示。

mode:

```
void setup() {
  float[] data1 = {7, 3, 8, 8, 5, 8, 2, 1, 0, 6};
  println(mode(data1)); //8
  float[] data2 = {7, 3, 2, 8, 5, 8, 2, 1, 0, 6};
  println(mode(data2)); //8, 2
  float[] data3 = {7, 3, 9, 4, 5, 8, 2, 1, 0, 6};
  println(mode(data3)); //null
}
```

```
FloatListmode(float[] data) {
  FloatList list = new FloatList();
  IntDictdict = new IntDict();
  for (inti=0; i<data.length; i++) {
    dict.add(str(data[i]), 1);   //查询字典，个数加1
  }
  dict.sortValuesReverse();      //字典排序
  String[] keys = dict.keyArray();
  if (dict.get(keys[0])==dict.get(keys[keys.length-1])) return null;
       //如果元素出现次数相同，返回null

  list.append(parseFloat(keys[0]));
  int max = dict.get(keys[0]);
  for (inti=1; i<keys.length; i++) {
       //判断是否存在多个众数，如果存在则存入list
    if (max==dict.get(keys[i]))list.append (parseFloat(keys[i]));
  }
  return list;
}
```

众数还可以是非数值数据，上面的mode()函数针对float[]数据类型计算众数，也可以通过重载的方式让mode()函数自动识别数据类型，从而计算不同数据类型的众数，重载是用同名不同参数数据类型来具体实现。

```
void setup() {
  String[] data = { "A" , "B" , "O" , "AB" , "O" , "B" };
  println(mode(data)); //" O" , "B"
}

StringListmode(String[] data) {
  StringList list = new StringList();
  IntDictdict = new IntDict();
  for (inti=0; i<data.length; i++) {
```

```
    dict.add(data[i], 1);
  }
  dict.sortValuesReverse();
  String[] keys = dict.keyArray();
  if (dict.get(keys[0])==dict.get(keys[keys.length-1])) return null;

  list.append(keys[0]);
  int max = dict.get(keys[0]);
  for (inti=1; i<keys.length; i++) {
    if (max==dict.get(keys[i]))list.append(keys[i]);
  }

  return list;
}
```

中位数

中位数：把一组数据从低到高排序后，位于中间位置的数就是中位数。如果数据元素的个数为偶数，中位数等于中间两个数的平均数。如下图所示。

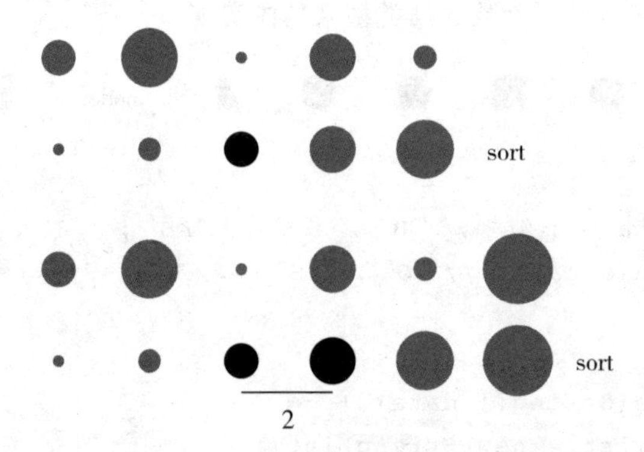

我们首先来实现排序算法，这里使用冒泡排序算法来实现数据排序，冒泡排序的算法思路是按顺序比较两个相邻的元素，如果顺序错误就交换两个元

素。通过从左至右升序的方式比较并排列元素，在每趟比较交换后最大的元素会放在当前最后一个位置上，下图是第一趟比较交换的过程。整个过程像水泡从下面冒上来一样，这也是冒泡算法名字的由来。

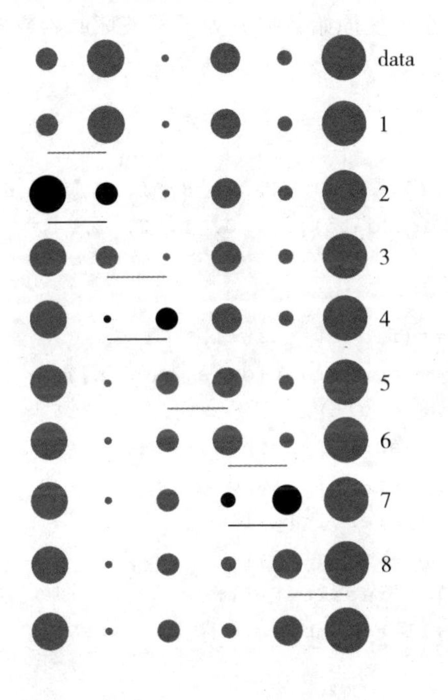


```
void setup() {
  float[] data = {7, 3, 9, 4, 5, 8, 2, 1, 0, 6};
  bubbleSort(data);
  println(data); //0, 1, 2, 3, 4, 5, 6, 7, 8, 9
}

voidbubbleSort(float[] data) {
  for (inti=1; i<data.length; i++) {
    for (int j=0; j<data.length-i; j++) {
      if (data[j]>data[j+1]) { //比较
        //交换元素
        float temp = data[j];
        data[j] = data[j+1];
        data[j+1] = temp;
      }
```

```
    }
  }
}
```

上面的排序算法会改变原始数据，为了不破坏原始数据，可以让排序算法返回一个新的数组。

```
void setup() {
  float[] data = {7, 3, 9, 4, 5, 8, 2, 1, 0, 6};
  println(bubbleSort(data)); //0, 1, 2, 3, 4, 5, 6, 7, 8, 9
}

float[] bubbleSort(float[] data) {
  float[] result = new float[data.length];
  arrayCopy(data, result);
  for (inti=1; i<result.length; i++) {
    for (int j=0; j<result.length-i; j++) {
      if (result[j]>result[j+1]) {
        float temp = result[j];
        result[j] = result[j+1];
        result[j+1] = temp;
      }
    }
  }
  return result;
}
```

现在基于上面实现的排序算法先对数据进行排序，然后用排序后的数据计算中位数。

```
void setup() {
  float[] data1 = {7, 3, 9, 4, 5, 8, 2, 1, 0, 6};
  println(median(data1)); //4.5
  float[] data2 = {3, 4, 5, 2, 1, 0, 6};
  println(median(data2)); //3
}
```

```
float median(float[] data) {
  float result = 0;
  float[] array = bubbleSort(data);
  if (array.length%2==0) {              //判断个数是否为偶数
    inti = array.length/2;
    result = (array[i-1]+array[i])/2; //计算中间两个数的平均值
  } else {
    result = array[data.length/2];
  }
  return result;
}
```

排序过程可视化

在计算中位数的时候我们创建了冒泡排序算法，现在来对排序的过程进行可视化。

首先创建一个Sort类。Sort类包含一个data属性，这是用于排序的数据，通过构造函数来传入。history属性是一个动态数组，它的每个元素又是一个int类型的数组，这个属性用于存储排序算法每次交换数据的历史记录。我们把交换数据封装成了一个swap()方法，通过指定索引来交换数据。step()方法可以把当前的排序状态存储到历史记录中，当排序算法发生交换时，也就是调用swap()函数时，自动调用step()方法记录当前排序状态。另外还有一个sort()方法，没有任何实现，它用于让子类重载，并在构造函数中自动调用它。这样设计Sort类的好处是可以实现各种各样的排序算法，然后让这些算法都继承自Sort类，并重载sort()方法，就可以很方便地实现各种排序可视化了。

```
class Sort {
  int[] data;
  ArrayList<int[]>history = new ArrayList<int[]>(); //历史记录
```

```
  Sort(int[] data) {
  this.data = data;
    sort();                             //调用排序
  }

  void sort() {                       //用于子类重载的排序方法
  }

  void swap(inti, int j) {        //交换数据
    int temp = data[i];
    data[i] = data[j];
    data[j] = temp;
    step();                           //写入当前排序记录
  }

  void step() {                       //写入记录
    int[] step = new int[data.length];
    arrayCopy(data, step);
    history.add(step);
  }
}
```

接着创建BubbleSort类，继承自Sort类，通过构造函数中的super()方法，把data数据传给父类，父类会自动调用sort()方法，这里重载了父类的sort()方法，所以当实例化子类时会调用子类的sort()方法。BubbleSort子类的sort()方法实现了冒泡排序的所有细节。

```
classBubbleSort extends Sort {
  BubbleSort(int[] data) {
    super(data);
  }

  void sort() {
    for (inti=1; i<data.length; i++) {
      for (int j=0; j<data.length-i; j++) {
```

```
        if (data[j]>data[j+1]) {
          swap(j, j+1); //调用父类方法，交换元素
        }
      }
    }
  }
}
```

现在再给Sort类添加一个print()方法，让它可以输出所有的排序交换记录。

```
void print() {
  for (inti=0; i<history.size(); i++) {
    int[] step = history.get(i);
    String result = nf(i+1, 2) + ": "; //生成序号
    for (int j=0; j<step.length; j++) {
      result += step[j] + " ";
    }
    println(result);
  }
}
```

最后在setup()函数中创建BubbleSort实例，并输出排序交换历史记录。

```
void setup() {
  int[] data = {7, 3, 9, 4, 5, 8, 2, 1, 0, 6};
  Sort sort = new BubbleSort(data);
  sort.print();
}
```

输出历史记录：

```
01: 3 7 9 4 5 8 2 1 0 6
02: 3 7 4 9 5 8 2 1 0 6
03: 3 7 4 5 9 8 2 1 0 6
… …
27: 2 1 0 3 4 5 6 7 8 9
28: 1 2 0 3 4 5 6 7 8 9
29: 1 0 2 3 4 5 6 7 8 9
30: 0 1 2 3 4 5 6 7 8 9
```

接下来给Sort类添加display()方法，和print()方法结构一样，遍历所有的排序历史，并绘制每次交换的记录，这里把每次排序记录按照网格顺序逐一输出，每个单元网格代表一个记录，每个记录中的数据元素为一条线段，并把数值映射为线段的长度。

```
void display() {
  int m = 5; //列数
  int n = 6; //行数
  float tx = 0; //x偏移量
  float ty = 0; //y偏移量
  float w = width/m;  //单元网格宽度
  float h = height/n; //单元网格高度

  for (inti=0; i<history.size(); i++) {
    fill(0);
    textAlign(LEFT, TOP);
    text(i+1, tx+5, ty+5);        //显示序号

    stroke(0);
    strokeWeight(3);
    noFill();
    int[] step = history.get(i); //返回第i个记录
    for (int j=0; j<step.length; j++) {
      float x = map(j, -1, step.length, tx, tx+w); //映射x元素坐标
      float y = ty + h/2;          //计算y元素坐标
      //把数值映射为线段的半高长
      float h2 = map(step[j], 0, step.length, 0, h/2);
      line(x, y-h2, x, y+h2);     //绘制线段
    }
    tx += w;
    if (tx>=width) {              //判断x偏移量是否大于画面宽度
      tx = 0;                     //归零
      ty += h;                    //换行
    }
  }
}
```

在render函数中调用display()可视化排序历史。

```
void render() {
  int[] data = {7, 3, 9, 4, 5, 8, 2, 1, 0, 6};
  Sort sort = new BubbleSort(data);
  sort.display();
}
```

运行结果如下图所示。

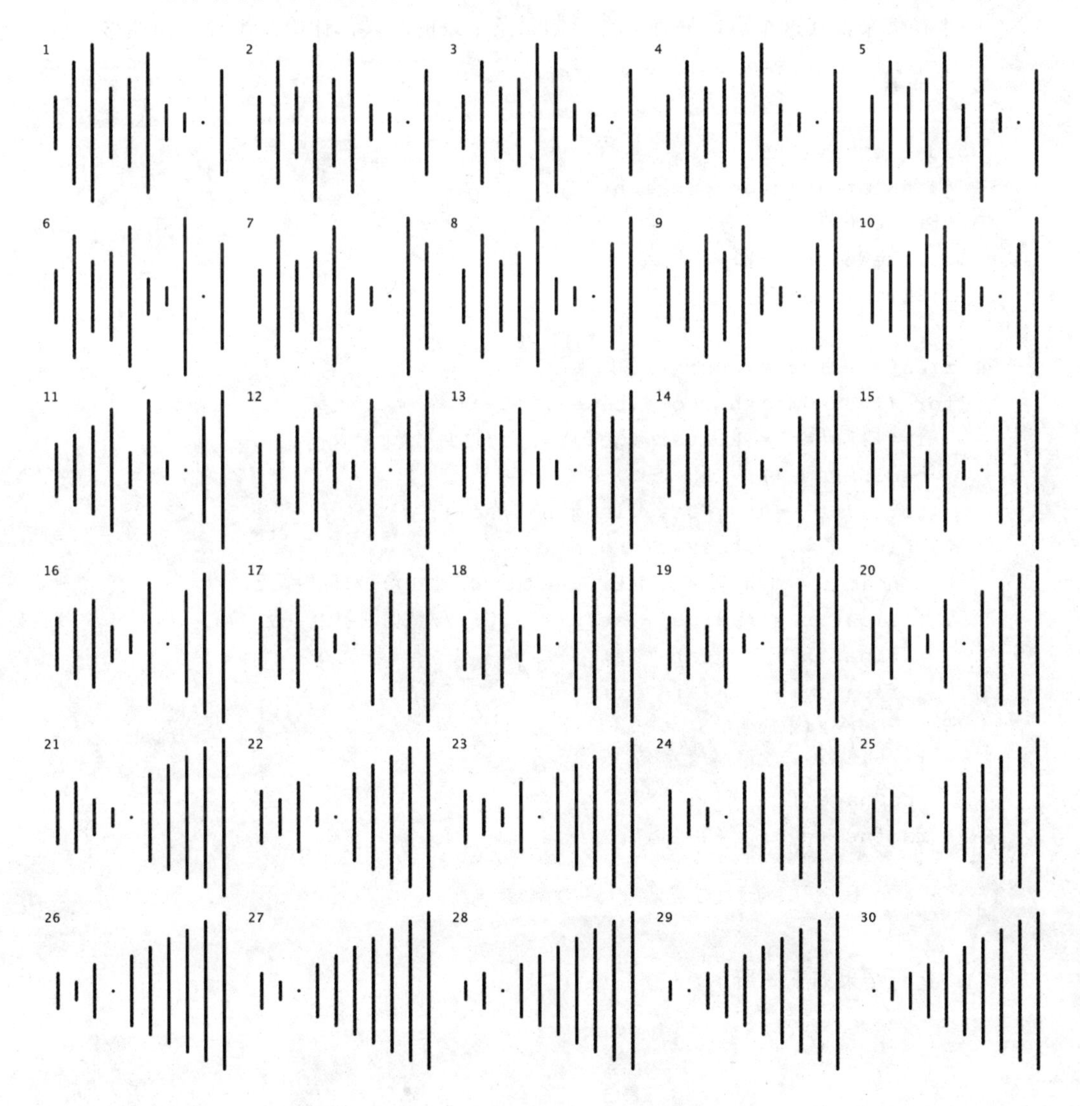

环形图

下面修改display()方法，使用环形的方式可视化排序历史记录。这里让每个排序记录都用一个多边形来表示，多边形的每个顶点对应记录中的每个元素，每个顶点都被放置在一个固定半径的圆上，根据数值大小重新计算每个点的半径值来偏移这个点。另外，在绘制每条记录的时候都让固定半径稍微偏移一个常量。

```
void display() {
  translate(width/2, height/2);
  stroke(0);
  strokeWeight(3);
  noFill();

  float radius = 200; //初始半径
  for (inti=0; i<history.size(); i++) {
    int[] step = history.get(i); //返回第i个记录
    beginShape();
    for (int j=0; j<data.length+1; j++) {
      int k = j % data.length;
      float a = map(j, 0, data.length, 0, TAU); //映射弧度
      float r = radius + step[k]*20; //数值映射为半径
      float x = cos(a) * r;
      float y = sin(a) * r;
      vertex(x, y);
    }
    endShape();
    radius += 5; //半径增加
  }
}
```

运行结果如下图所示。

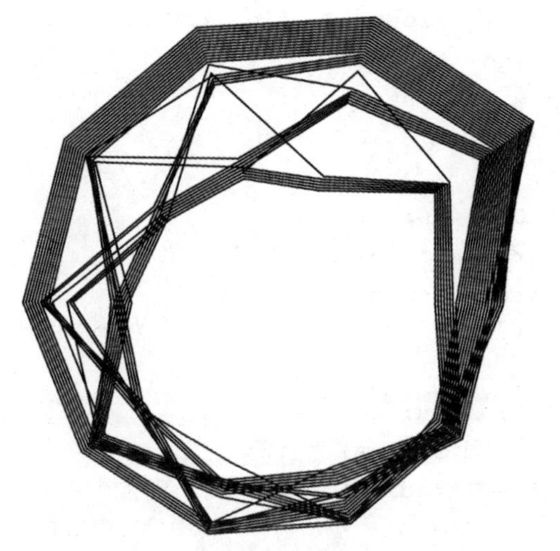

下面我们用外部数据来绘制一个环形图，右图是number.txt数据文件的格式，每一行代表一条数据，每条数据包含名称和数量，用制表符来分割。这些数据是记录Processing官方网站Reference页面每个分组关键字的个数，接下来通过这些数据来绘制一个环形图。

number.txt	
Structure	37
Environment	18
Data	53
Control	19
Shape	37
Input	40
Output	20
Transform	13
Lights, Camera	27
Color	16
Image	19
Rendering	9
Typography	12
Math	48
Constants	5

在绘制环形图之前，先构建一个绘制扇环的函数，我们知道当n边形的n越大，形状越接近圆。绘制扇环也用这样的方法，通过内半径和外半径画出两个弧线，然后连接两个弧线的开始位置和结束位置，就会得到一个扇环。这里通过vertex()函数在beginShape()和endShape(CLOSE)两个函数之间绘制扇环的所有顶点自动形成封闭图形。值得注意的是在分割弧线的时候使用了弧度除以个数来得到间隔弧度，计算指定弧度的分割个数使用弧度除以TAU再乘以一个常数，可以把常数理解为是弧线的精度。

```
void ring(float r1, float r2, float start, float end) {
  int n = int((end-start)/TAU * 1000);
  float radian = (end-start)/n;          //间隔弧度
  float x, y;
  beginShape();                          //开始
  for (float i=0; i<=n; i++) {
    x = cos(start + i*radian) * r1;
    y = sin(start + i*radian) * r1;
    vertex(x, y);                        //外层点
  }
  for (float i=0; i<=n; i++) {
    x = cos(end - i*radian) * r2;
    y = sin(end - i*radian) * r2;
    vertex(x, y);                        //内层点
  }
  endShape(CLOSE);                       //结束
}
```

最后在render()函数中加载数据并可视化。步骤如下。

① 加载数据以后，通过for循环遍历数据的所有行，每一行都是一个字符串。

② 对每行使用split()函数来分割字符串，分别得到名字和个数，并存储到相应的数组里面，分割符使用TAB常量。

③ 计算个数的最大值，在之后映射数据时设置为个数的上限。

④ 在for循环中同时遍历名字和个数两个数组，并把个数映射为扇环的结束弧度来绘制扇环。

⑤ 在扇环的左侧用文本右对齐方式绘制名字。

```
void render() {
  String[] data = loadStrings("numbers.txt");     //加载数据
  String[] names = new String[data.length];       //名字数组
  float[] numbers = new float[data.length];       //个数数组
  for (inti=0; i<data.length; i++) {
```

```
    String[] line = split(data[i], TAB);        //分割数据
    names[i] = line[0];                         //存储名字
    numbers[i] = float(line[1]);                //存储个数
  }
  float max = maxNumber(numbers);               //计算最大值

  translate(width/2, height/2);
  noStroke();
  fill(0);
  textAlign(RIGHT, CENTER);                     //文本对齐模式

  float radius = 200;                           //初始化内半径
  for (inti=0; i<data.length; i++) {
    float r1 = radius;
    float r2 = r1 + 10;                         //计算外半径
    float start = -HALF_PI;                     //开始弧度
    float end = map(numbers[i], 0, max, -HALF_PI, TAU-PI);
                                                //数值映射为结束弧度
    ring(r1, r2, start, end);                   //绘制扇环
    text(names[i], -10, -r1-8);                 //绘制名字

    radius += 15;                               //半径增加
  }
}
```

运行结果如下图所示。

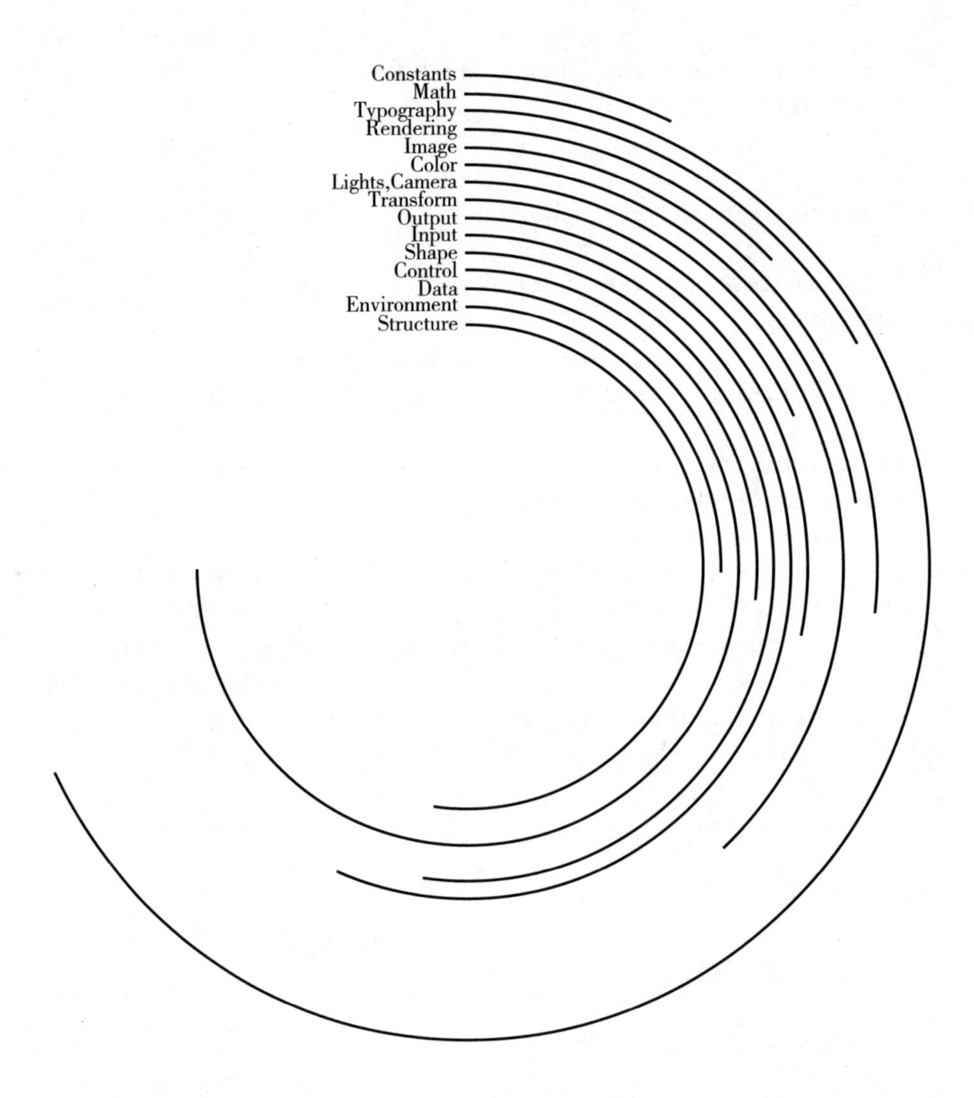
Constants
Math
Typography
Rendering
Image
Color
Lights,Camera
Transform
Output
Input
Shape
Control
Data
Environment
Structure

9

树 TREE

“树”是一种非线性数据结构，它的结构就像一棵树一样，从主干到分枝，再到更小的分枝，最后到叶子。树是一种递归结构，之前创建的线段细分、三角形细分、矩形细分，都属于这种结构，它有明显的层次关系，如下图所示。我们在生活中也经常会遇到这样的结构，例如书的目录，目录可以分为章，每章可以分节。再例如公司有多个部门，各部门又有不同的分组，每个组有不同的员工等。这种数据结构在计算机中有专业的术语，下面来逐一说明。

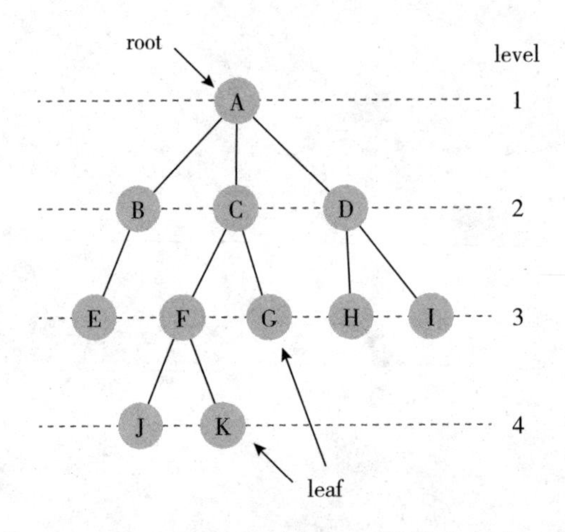

- 根节点（Root）：一棵树有且仅有一个特定的根，它是唯一一个没有父节点的节点。上图A节点为根节点。
- 父节点（Parent）：若一个节点拥有子节点，称该节点为其子节点的父节点。如上图D节点拥有H和I两个子节点，D是H和I的父节点。
- 子节点（Child）：一个节点拥有的下一级节点称为该节点的子节点。如上图A节点拥有B、C和D三个子节点。另外，同一个父节点的所有子节点之间称作兄弟节点。

- 度（Degree）：一个节点拥有的子节点数，称为该节点的度。如上图C节点拥有两个子节点，C节点的度为2。B节点拥有1个子节点，B节点的度为1。
- 叶节点（Leaf）：一个节点的度数为零，称其为叶节点。如上图E、J、K和I都是叶节点。
- 层（Level）：从树根节点开始定义，根节点为第一层，子节点为第二层，以此类推。如上图A为第一层，C为第二层，F为第三层，K为第四层。
- 深度（Depth）：树中节点最大的层数为该树的深度，如上图J、K的层数最大，为4，故该树的深度为4。

Tree类

下面基于树的定义来为树创建一个Tree类，每一个Tree类实例其实代表了树中一个节点，它包含name属性用于标识自己的名字，parent属性指向该节点的父节点，children属性存储该节点所有子节点的引用。

构造函数需要传入名字来初始化节点，并把父节点默认设置为null。setParent()方法用于设置节点的父节点，addChild()方法为节点添加子节点，getChild()方法通过索引返回节点的子节点。

```
class Tree {
  String name;
  Tree parent;
  ArrayList<Tree> children;

  Tree(String name) {
    this.name = name;
    this.parent = null;
```

```
    children = new ArrayList<Tree>();
  }

  void setParent(Tree parent) { //设置父节点
    this.parent = parent;
  }

  void addChild(Tree child) { //添加子节点
    children.add(child);
  }

  Tree getChild(int index) { //返回子节点
    return children.get(index);
  }
}
```

为Tree类继续添加root()、degree()、leaf()三个方法。root()方法判断节点是否为根节点，通过判断parent属性是否为null来确定。degree()方法返回节点的度数，也就是子节点的个数，通过返回children数组的元素个数来得到。leaf()方法判断节点是否为叶节点，通过判断度数是否等于0来确定。

```
boolean root() { //判断是否为根节点
  return parent == null;
}

int degree() { //返回节点的度数
  return children.size();
}

boolean leaf() { //判断是否为叶节点
  return degree() == 0;
}
```

添加leafs()方法，返回节点和子节点所包含的所有叶节点数量，这里通过遍历所有节点来计算叶节点个数，如果节点是叶节点返回1，如果节点不是叶节点，遍历节点的所有子节点，并计算叶节点的个数。

```
int leafs() {
  if (!leaf()) {     //判断是否为叶节点
    int count = 0;  //计数
    for (int i=0; i<children.size(); i++) {
      count += children.get(i).leafs(); //调用子节点的leafs()方法
    }
    return count;
  } else {
    return 1;        //如果是叶节点，返回1
  }
}
```

添加level()方法，返回节点所在的层。通过向上遍历节点的父节点，并判断父节点是否为根节点，如果不是，继续访问父节点的父节点，直到访问节点为根节点为止，并在访问过程中累计节点的层数。

```
int level() {
  if (parent != null) {          //判断是否为根节点
    return 1 + parent.level(); //调用父节点的level()方法
  } else {
    return 1;                  //如果为根节点，返回1
  }
}
```

添加depth()方法，返回节点的深度，这里以指定节点为根，遍历所有的子节点，返回最大的层数。

```
int depth() {
  if (!leaf()) { //判断是否为叶节点
    int max = 0;
    for (int i=0; i<children.size(); i++) {
                   //返回当前子节点最大层数
      max = max(max, 1+children.get(i).depth());
    }
    return max;
  } else {
```

```
    return 1;     //如果是叶节点，返回1
  }
}
```

下面是完整的Tree类，Tree类所包含的方法都是以后对树数据结构可视化用到的方法。

```
class Tree {
  String name;
  Tree parent;
  ArrayList<Tree> children;

  Tree(String name) {               //构造函数
    this.name = name;
    this.parent = null;
    children = new ArrayList<Tree>();
  }

  void setParent(Tree parent) {  //设置父节点
    this.parent = parent;
  }

  void addChild(Tree child) {    //添加子节点
    children.add(child);
  }

  Tree getChild(int index) {     //返回子节点
    return children.get(index);
  }

  boolean root() {                  //判断是否为根节点
    return parent == null;
  }

  boolean leaf() {                  //判断是否为叶节点
    return degree() == 0;
  }
```

```
  int degree() {                    //返回节点的度
    return children.size();
  }

  int leafs() {                     //返回所有叶节点的个数
    if (!leaf()) {
      int count = 0;
      for (int i=0; i<children.size(); i++) {
        count += children.get(i).leafs();
      }
      return count;
    } else {
      return 1;
    }
  }

  int level() {                     //返回节点所在层
    if (parent != null) {
      return 1 + parent.level();
    } else {
      return 1;
    }
  }

  int depth() {                     //返回节点深度
    if (!leaf()) {
      int max = 0;
      for (int i=0; i<children.size(); i++) {
        max = max(max, 1+children.get(i).depth());
      }
      return max;
    } else {
      return 1;
    }
  }
}
```

继续创建一个VisualTree类，用于创建、遍历和显示树。root属性存储了树的根节点，create()方法用于创建整个树，在构造函数中被自动调用。

```
class VisualTree {
  Tree root;

  VisualTree() {
    create();
  }
  void create() {
  }
}
```

使用外部数据创建树

下面使用外部数据来创建树。tree.txt文件（如右图所示）存储了一棵树，文件每一行代表一个节点，左侧字母表示节点的名字，右侧数字表示该节点的父节点在数据列表中的索引值。这里规定-1为无父节点，第一行的索引为0，以此类推。如第三行C为节点的名字，0为C节点的父节点索引，也就是A。下图为该数据列表的树状图，节点旁边的数字为该节点在数据列表中的索引值。

tree.txt	
A	-1
B	0
C	0
D	0
E	1
F	2
G	2
H	3
I	3
J	5
K	5

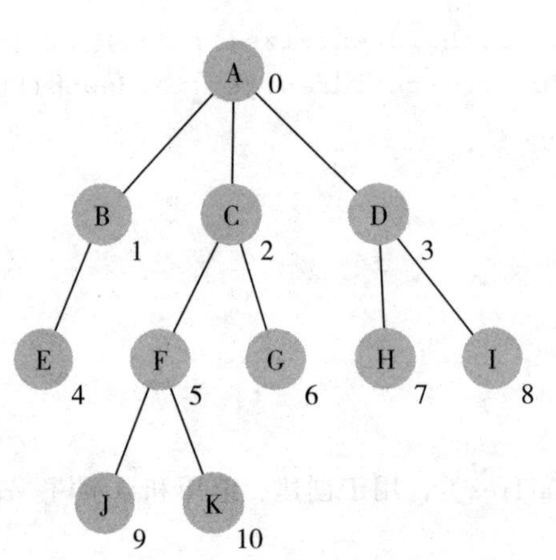

现在用create()方法来创建树，首先创建一个nodes动态数组，然后加载tree.txt数据文件，通过for循环遍历数据的每一行，用split()函数分割每个节点数据的名字和父节点索引，并创建节点。如果父节点索引不等于-1，通过索引寻找父节点，设置为当前创建节点的父节点，并把当前节点添加为父节点的子节点。接着判断父节点索引是否等于-1，如果等于，把该节点赋给root属性。最后把创建的节点添加到nodes数组，用于以后创建节点时查找父节点。

```
void create() {
  root = null; //设置根为null
  ArrayList<Tree> nodes = new ArrayList<Tree>();
  String[] data = loadStrings( "tree.txt" ); //加载数据

  for (int i=0; i<data.length; i++) {
    String[] line = split(data[i], TAB);    //分割数据
    String name = line[0];        //名字
    int index = int(line[1]);     //父节点索引
    Tree node = new Tree(name); //创建节点
    if (index != -1) { //判断是否为根节点
      Tree parent = nodes.get(index); //查找父节点
      node.setParent(parent);          //设置父节点
      parent.addChild(node);           //添加子节点
    }
    if (index == -1) root = node; //如果为根节点，赋给root属性
    nodes.add(node);            //添加节点
  }
}
```

创建完树以后，可以创建一个方法来遍历整个树。遍历树是通过某种层次顺序或方法来逐个不重复地访问树包含的所有节点。遍历树的方法有前序、中序、后序、按层遍历等方法。这里基于前序遍历的方法来实现遍历整个树。在前序遍历过程中始终优先访问父节点，然后逐一访问子节点。如左下图所示，首先访问根节点A，然后访问A节点的子节点B，判断B节点是否有子节点，B节点的子节点为E，所以继续访问E节点。因E节点为叶节点，所以向上返回到B，又因B节点的子节点只有E一个，所以继续向上返回到A。A的子节点B已经访问

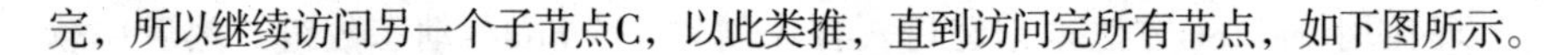
完，所以继续访问另一个子节点C，以此类推，直到访问完所有节点，如下图所示。

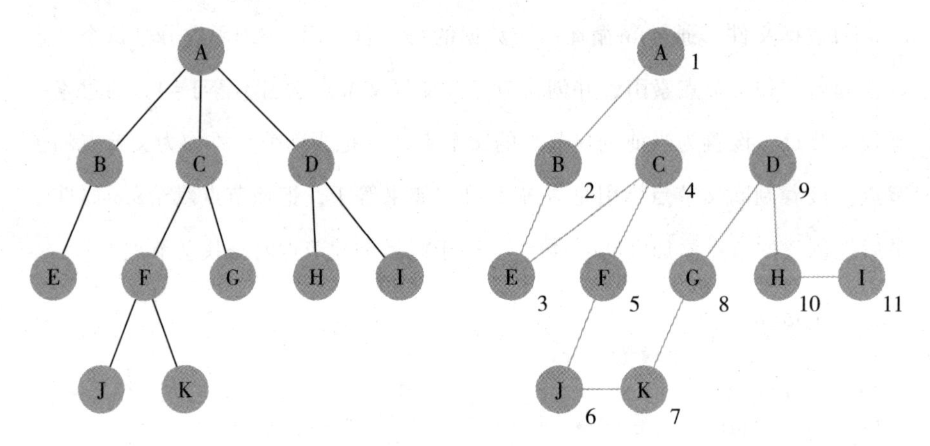

下面用递归的方式来实现前序遍历方法preorder()。

```
void preorder(Tree node) {
  print(node.name);                    //访问父节点
  if (!node.leaf()) {
    for (int i=0; i<node.degree(); i++) {
      preorder(node.getChild(i)); //递归遍历子节点
    }
  }
}
```

然后在VisualTree类的构造函数中调用preorder()方法，并在setup()函数中创建VisualTree实例，实现前序遍历输出。

```
class VisualTree {
  Tree root;
  VisualTree() {
    create();
    preorder(root);
  }
}

void setup() {
  VisualTree tree = new VisualTree(); //ABECFJKGDHI
}
```

创建树的可视化图形

接下来我们基于上面代码结构，来创建树的可视化图形，在构建可视化图形之前，先把外部数据替换为另一个相对复杂的树结构数据tree.json，tree.json数据文件使用JSON数据格式存储了Processing Reference 关键字的整个分类树状结构，每个{ }代表一个节点，name表示节点的名字，children表示所包含的子节点，定义在[ ]中。

tree.json

```
{
  "children" : [
  {
    "children" : [
      { "name" :  "() (parentheses)" },
      { "name" :  ", (comma)" },
      { "name" :  ". (dot)" },
      { "name" :  "/* */ (multiline comment)" },
      { "name" :  "/** */ (doc comment)" },
      { "name" :  "// (comment)" },
    …
      {
       "children" : [
         { "name" :  "HALF_PI" },
         { "name" :  "PI" },
         { "name" :  "QUARTER_PI" },
         { "name" :  "TAU" },
         { "name" :  "TWO_PI" }
      ],
    "name" :  "Constants"
    }
  ],
  "name" :  "Processing"
}
```

Processing提供了处理JSON数据的相关函数和类，把JSON数据的对象和数组分别封装成了JSONObject和JSONArray类，可以使用它们来处理和构建JSON数据。这里修改VisualTree类的create()方法，让它可以基于JSON数据来创建整个树。通过loadJSONObject()函数来加载tree.json数据文件，函数会返回一个JSONObject对象，然后作为参数调用create()方法创建树。

```
class VisualTree {
  Tree root;
  VisualTree() {
    root = create(null, loadJSONObject( "tree.json" ));
  }

  Tree create(Tree parent, JSONObject object) {
    String name = object.getString( "name" );
    Tree node = new Tree(name);  //创建节点
    node.setParent(parent);      //设置父节点
    if (!object.isNull( "children" )) {
                                 //判断是否包含子节点
      JSONArray array = object.getJSONArray( "children" );
      for (int i=0; i<array.size(); i++) {
                                 //递归创建子节点
        Tree child = create(node, array.getJSONObject(i));
        child.setParent(node);   //设置父节点
        node.addChild(child);    //添加子节点
      }
    }
    return node;
  }
}
```

对树结构可视化有多种方法，下面先学习冰柱树状图。下图为冰柱树状图的层次结构，冰柱树状图用矩形表示整个树的结构，每个单独的矩形代表一个节点。从左往右为树的每一层，整个大矩形的宽度被层数n平均分成了n个矩形。每一层的高度又由本层子节点的叶节点总数被划分成了不同高度的矩形，通过这样的方式逐层划分出整个树的结构。

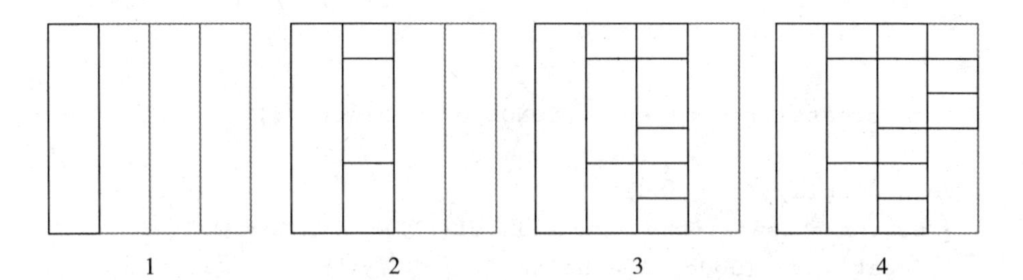

基于上述思路我们来扩展VisualTree类实现冰柱树状图可视化。

① 首先添加leafWidth和leafHeight两个属性，这两个属性值都在构造函数里初始化，在可视化树之前计算得到，leafWidth表示树每一层矩形的宽度，通过画面宽度除以树的深度得到，leafHeight表示叶节点的高度，通过画面高度除以树中所有叶节点数得到。

② 然后添加display()方法，在display()方法中通过递归的方式计算每个节点在画面内的坐标和宽高，并绘制矩形和节点名字。每个节点的x坐标等于该节点层数乘以层宽度，节点宽度等于层宽度，节点的高度等于该节点的叶节点数乘以叶节点高度，节点的y坐标计算稍微有些复杂，通过另外一个y()方法来递归计算该节点的y坐标，通过遍历该节点的兄弟节点并累计在该节点之前所有兄弟节点的高度，计算出该节点相对于父节点的y坐标，接着递归计算父节点的y坐标并计入该节点的y坐标上，直到根节点为止。

在绘制节点矩形的时候，判断矩形高度是否大于20，如果大于20就绘制名字。另外，如果节点是叶节点的话，把它填充为纯黑色。

```
class VisualTree {
  Tree root;
  float leafWidth;  //层宽度
  float leafHeight; //叶节点高度

  VisualTree() {
    root = create(null, loadJSONObject(“tree.json”)); //创建树
```

```
  leafWidth = float(width)/root.depth(); //计算层宽度
  leafHeight = float(height)/root.leafs(); //计算叶节点高度
  display(root); //可视化树
}
Tree create(Tree parent, JSONObject object) {}

void display(Tree node) {
  float x = leafWidth * (node.level()-1); //计算x坐标
  float y = y(node, leafHeight); //计算y坐标
  float w = leafWidth;            //宽度等于层宽度
  float h = leafHeight * node.leafs();
  //高度等于该节点包含叶节点个数乘以叶节点高度

  stroke(0);
  noFill();
  if (node.leaf()) fill(0);
  rectMode(CORNER);
  rect(x, y, w, h);
  if (h>20) {                    //判断高度是否大于20
    fill(0);
    textSize(10);
    textAlign(LEFT, TOP);
    text(node.name, x+5, y+5); //绘制名字
  }

  if (!node.leaf()) {            //判断是否为叶节点
    for (int i=0; i<node.degree(); i++) {
      display(node.getChild(i)); //递归绘制子节点
    }
  }
}

float y(Tree node, float leafHeight) {
  if (!node.root()) { //判断是否为根节点
    float ty = 0;
    for (int i=0; i<node.parent.children.size(); i++) {
      Tree child = node.parent.children.get(i); //返回兄弟节点
```

```
        if (child == node) break;          //如果等于自己，结束循环
        ty += leafHeight*child.leafs();    //累计y坐标偏移值
      }
      return ty + y(node.parent, leafHeight); //递归计算父节点的y坐标
    } else {
      return 0;
    }
  }
}
```

运行结果如下图所示。

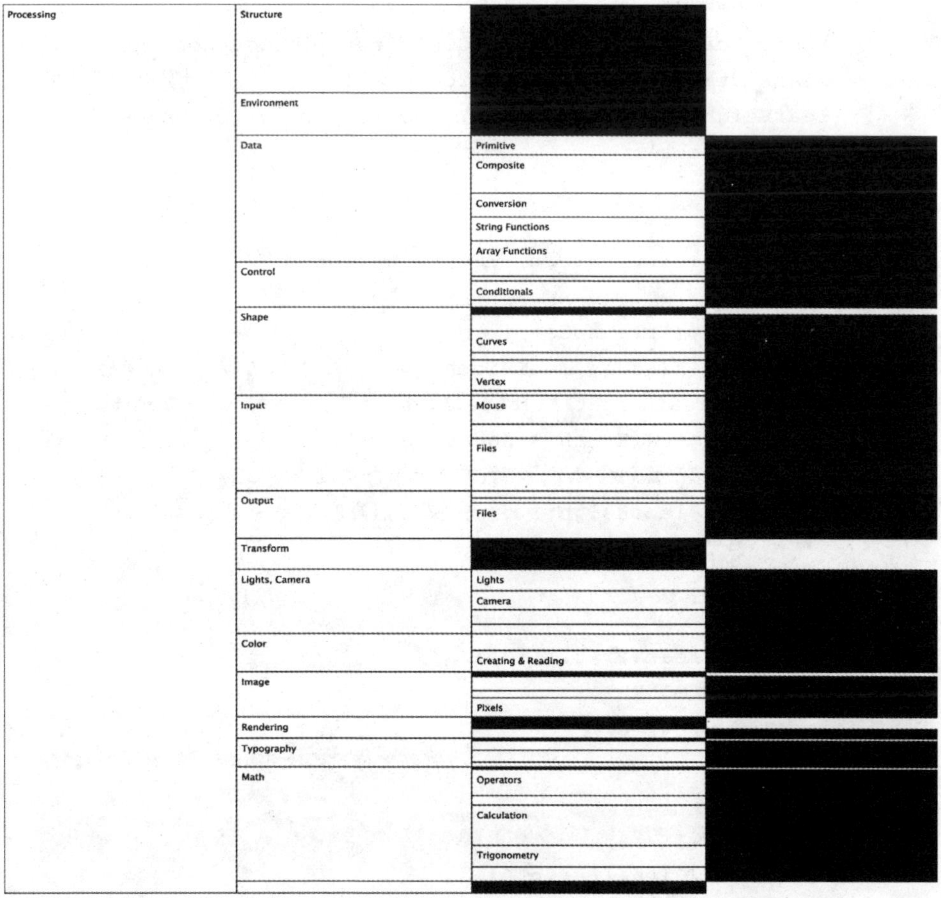

Processing
Structure
Environment
Data
Primitive
Composite
Conversion
String Functions
Array Functions
Control
Conditionals
Shape
Curves
Vertex
Input
Mouse
Files
Output
Files
Transform
Lights, Camera
Lights
Camera
Color
Creating & Reading
Image
Pixels
Rendering
Typography
Math
Operators
Calculation
Trigonometry

我们修改VisualTree类，把水平冰柱树状图改为垂直冰柱树状图。在垂直冰柱树状图中，leafWidth和leafHeight分别表示叶节点宽度和每一层高度。同时在display()方法中修改节点坐标和矩形宽高的计算方式，把y()方法改为x()方法，递归计算节点的x坐标。

```
class VisualTree {
  Tree root;
  float leafWidth; //叶节点宽度
  float leafHeight; //层高度

  VisualTree() {
    root = create(null, loadJSONObject( "tree.json" ));
    leafWidth = float(width)/root.leafs();    //计算叶节点宽度
    leafHeight = float(height)/root.depth();  //计算层高度
    display(root);
  }

  Tree create(Tree parent, JSONObject object) {}

  void display(Tree node) {
    float x = x(node, leafWidth);                  //计算x坐标
    float y = leafHeight * (node.level()-1);      //计算y坐标
    float w = leafWidth * node.leafs();
    //宽度等于该节点包含叶节点个数乘以叶节点宽度
    float h = leafHeight; //高度等于层高度

    stroke(0);
    noFill();
    if (node.leaf()) fill(0);
    rectMode(CORNER);
    rect(x, y, w, h);
    if (w>20) {                    //判断宽度是否大于20
      fill(0);
      textSize(10);
      textAlign(LEFT, TOP);
      pushMatrix();
```

```
    translate(x+w, y);       //移动坐标系
    rotate(HALF_PI);         //旋转坐标系
    text(node.name, 5, 5); //绘制名字
    popMatrix();
  }

  if (!node.leaf()) {
    for (int i=0; i<node.degree(); i++) {
      display(node.getChild(i));
    }
  }
}

float x(Tree node, float leafWidth) {
  if (!node.root()) {
    float tx = 0;
    for (int i=0; i<node.parent.children.size(); i++) {
      Tree child = node.parent.children.get(i);
      if (child == node) break;
      tx += leafWidth*child.leafs(); //累计x坐标偏移值
    }
    return tx + x(node.parent, leafWidth); //递归计算父节点的x坐标
  } else {
    return 0;
  }
}
}
```

运行结果如下图所示。

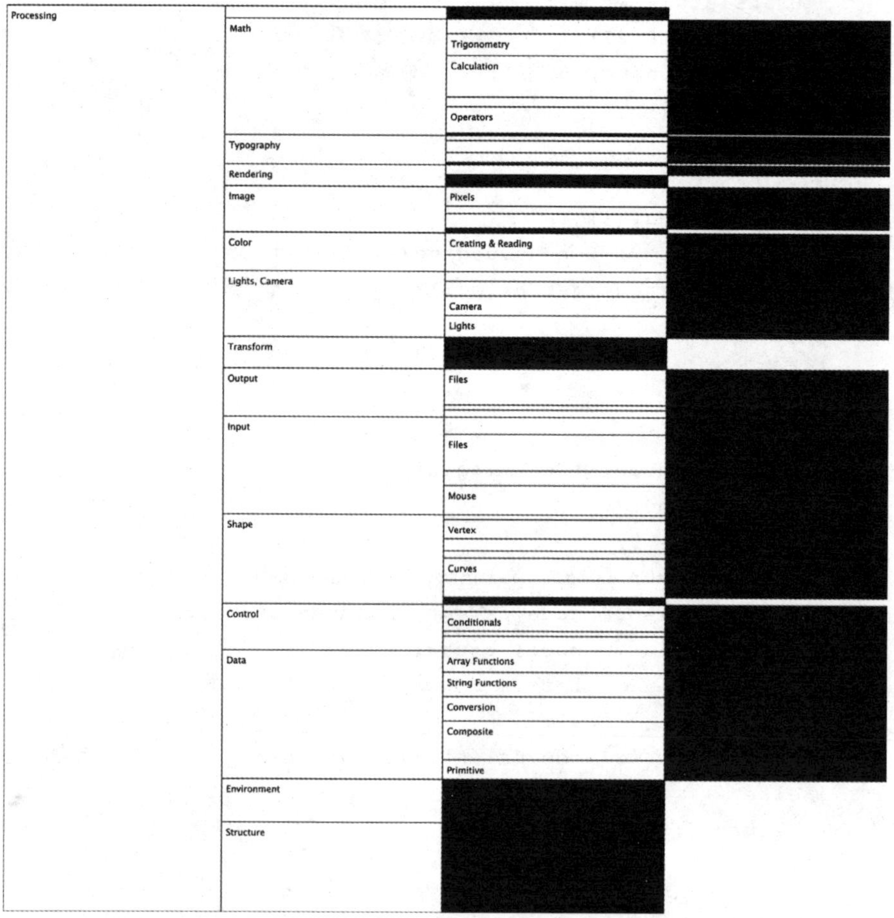

Processing
Math
Trigonometry
Calculation
Operators
Typography
Rendering
Image
Pixels
Color
Creating & Reading
Lights, Camera
Camera
Lights
Transform
Output
Files
Input
Files
Mouse
Shape
Vertex
Curves
Control
Conditionals
Data
Array Functions
String Functions
Conversion
Composite
Primitive
Environment
Structure

接下来开始构建旭日树状图。下图为旭日树状图的层次结构，旭日树状图用扇环表示整个树的结构，每个单独的扇环代表一个节点。从里向外为树的每一层，整个大圆的半径被层数n平均分成了n个同心环。每一层又由本层子节点的叶节点总数被划分成了不同弧度的扇环，通过这样的方式逐层划分出整个树的结构。

我们来修改VisualTree类实现旭日树状图。

① 首先添加leafRadius和leafRadain两个属性，leafRadius表示树的每一层扇环外半径和内半径的差，通过大圆半径除以树的深度得到，leafHeight表示

叶节点的弧度，通过TAU除以树中所有叶节点数得到。

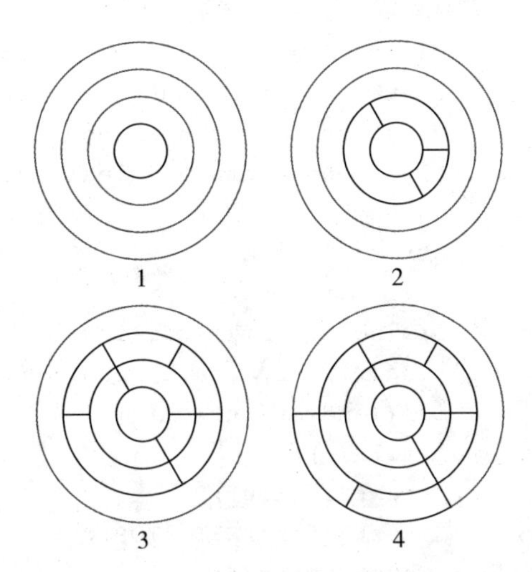

② 然后修改display()方法，在display()方法中通过递归的方式计算每个节点扇环的内半径、外半径、开始弧度和结束弧度，并绘制扇环和节点名字。每个节点扇环的内半径等于该节点层数减1乘以层半径差，节点扇环的外半径等于该节点层数乘以层半径差，节点扇环弧度等于该节点的叶节点数乘以叶节点弧度。计算节点扇环的开始弧度和冰柱树状图的x()方法类似，需要通过radian()方法递归计算。节点扇环的结束弧度等于开始弧度加该节点扇环弧度。

在绘制扇环时，扇环弧度大于0.1才会绘制节点名字。另外，如果节点是叶节点的话，把它填充为纯黑色。

```
class VisualTree {
  Tree root;
  float leafRadius; //层半径差
  float leafRadian; //叶节点弧度

  VisualTree() {
    root = create(null, loadJSONObject("tree.json"));
    leafRadius = 450/root.depth(); //计算层半径差
    leafRadian = TAU/root.leafs(); //计算叶节点弧度
    translate(width/2, height/2);
    display(root);
  }

  Tree create(Tree parent, JSONObject object) {}

  void display(Tree node) {
```

```
  float r1 = leafRadius * (node.level()-1);       //计算内半径
  float r2 = leafRadius * node.level();           //计算外半径
  float start = radian(node, leafRadian);         //计算开始弧度
  float end = start + leafRadian * node.leafs(); //计算结束弧度

  stroke(0);
  noFill();
  if (node.leaf()) fill(0);
  ring(r1, r2, start, end); //绘制扇环
  if ((end-start)>.1) {     //判断扇环弧度是否大于0.1
    fill(0);
    textSize(10);
    textAlign(LEFT, TOP);
    pushMatrix();
    rotate(start);          //旋转坐标
    translate(r1, 0);       //移动坐标
    text(node.name, 5, 5);  //绘制名字
    popMatrix();
  }

  if (!node.leaf()) {
    for (int i=0; i<node.degree(); i++) {
      display(node.getChild(i)); //递归绘制子节点
    }
  }
}

float radian(Tree node, float leafRadian) {
  if (!node.root()) {
    float radian = 0;
    for (int i=0; i<node.parent.children.size(); i++) {
      Tree child = node.parent.children.get(i);
      if (child == node) break;
      radian += leafRadian*child.leafs(); //累计偏移弧度
    }
    return radian + radian(node.parent, leafRadian);
    //递归计算父节点的偏移弧度
```

```
    } else {
      return 0;
    }
  }

  void ring(float r1, float r2, float start, float end) {}
}
```

运行结果如下图所示。

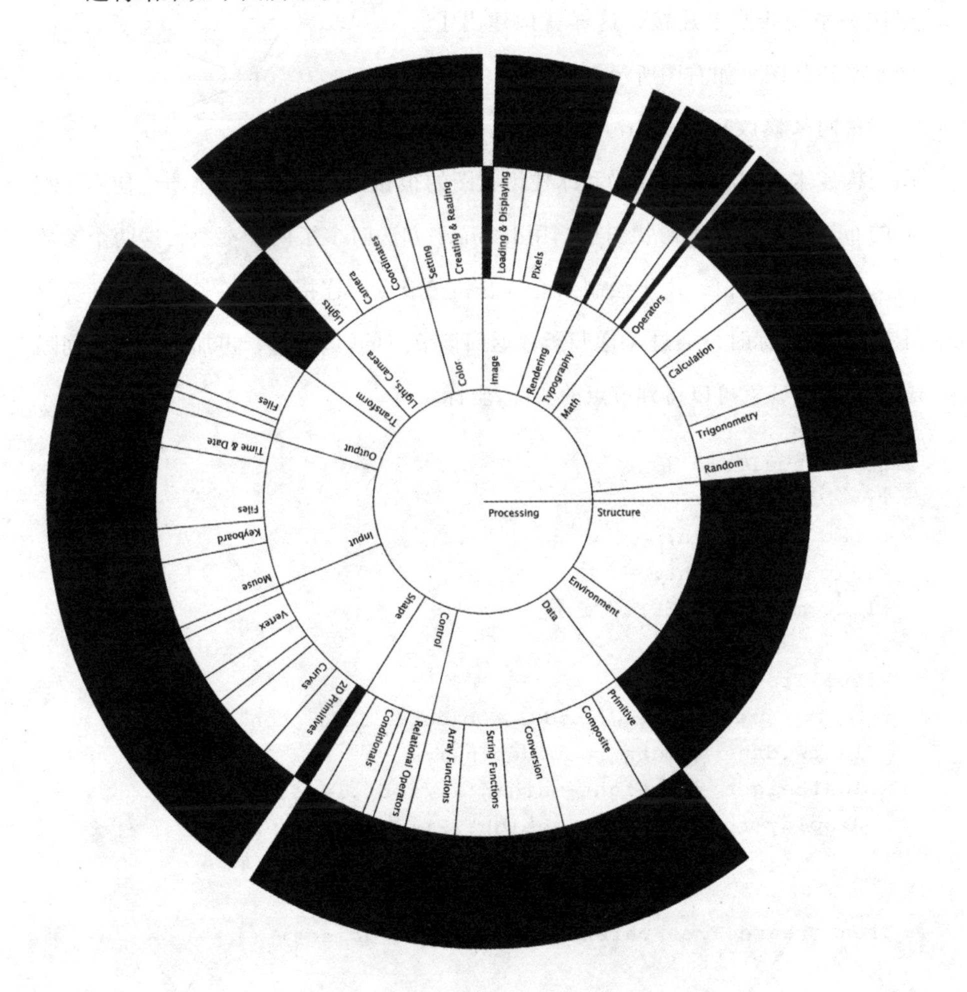

下面构建水平树状图，水平树状图把相同层的节点放在同一个水平坐标下，并在最后一层把垂直方向划分为n个间隔点，并让n等于树包含的所有叶节点数量。然后让每个父节点的垂直位置，都等于该节点所有子节点位置的正中间。最后把所有节点按照树的层次关系用线段来连接，这样就构建出了一个水平树状图。如右图所示。

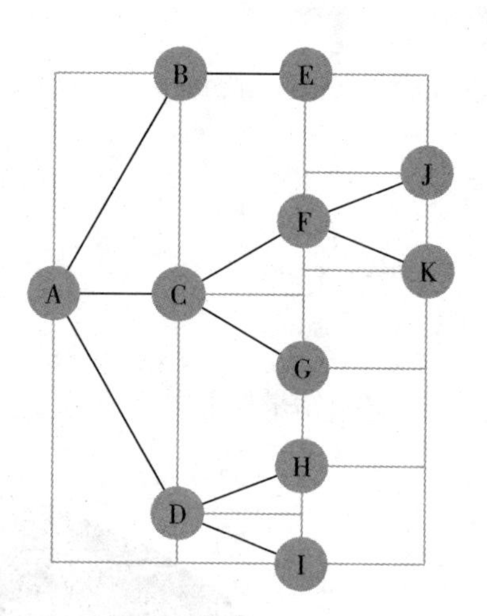

我们来修改VisualTree类构建水平树状图，构建水平树状图的代码和冰柱树状图的很相似，因为它们本质上使用了相同的布局原理。水平树状图在调用display()方法时多了两个参数，这两个参数为父节点的坐标值，用于绘制当前节点和父节点的连接线段。另外，在计算每个节点的y坐标时，通过y()递归函数返回该节点的y偏移量，再加上子节点间隔总和的一半，就可以得到节点的实际y坐标。

```
class VisualTree {
  Tree root;
  float leafWidth;
  float leafHeight;
  float margin = 50; //边界

  VisualTree() {
    root = create(null, loadJSONObject( "tree.json" ));
    leafWidth = width/root.depth();
    leafHeight = (height-margin*2)/root.leafs();
    display(root, margin, height/2);
  }

  Tree create(Tree parent, JSONObject object) {}

  void display(Tree node, float px, float py) {
```

```
    float x = margin + leafWidth * (node.level()-1);
    float h = leafHeight * node.leafs(); //计算子节点间隔总和
    float y = margin + y(node, leafHeight) + h/2;
      //计算y坐标，等于y偏移量加上子节点间隔总和的一半

    stroke(0);
    line(px, py, x, y); //基于父节点坐标和该节点坐标绘制线段
    fill(0);
    textSize(6);
    textAlign(LEFT, CENTER);
    text(node.name, x+5, y); //绘制节点名字

    if (!node.leaf()) {
      for (int i=0; i<node.degree(); i++) {
        //递归绘制子节点，并把父节点的坐标传给子节点
        display(node.getChild(i), x, y);
      }
    }
  }

  float y(Tree node, float leafHeight) {
    if (!node.root()) {
      float y = 0;
      for (int i=0; i<node.parent.children.size(); i++) {
        Tree child = node.parent.children.get(i);
        if (child == node) break;
        y += leafHeight*child.leafs();
      }
      return y + y(node.parent, leafHeight);
    } else {
      return 0;
    }
  }
}
```

运行结果如下图所示。

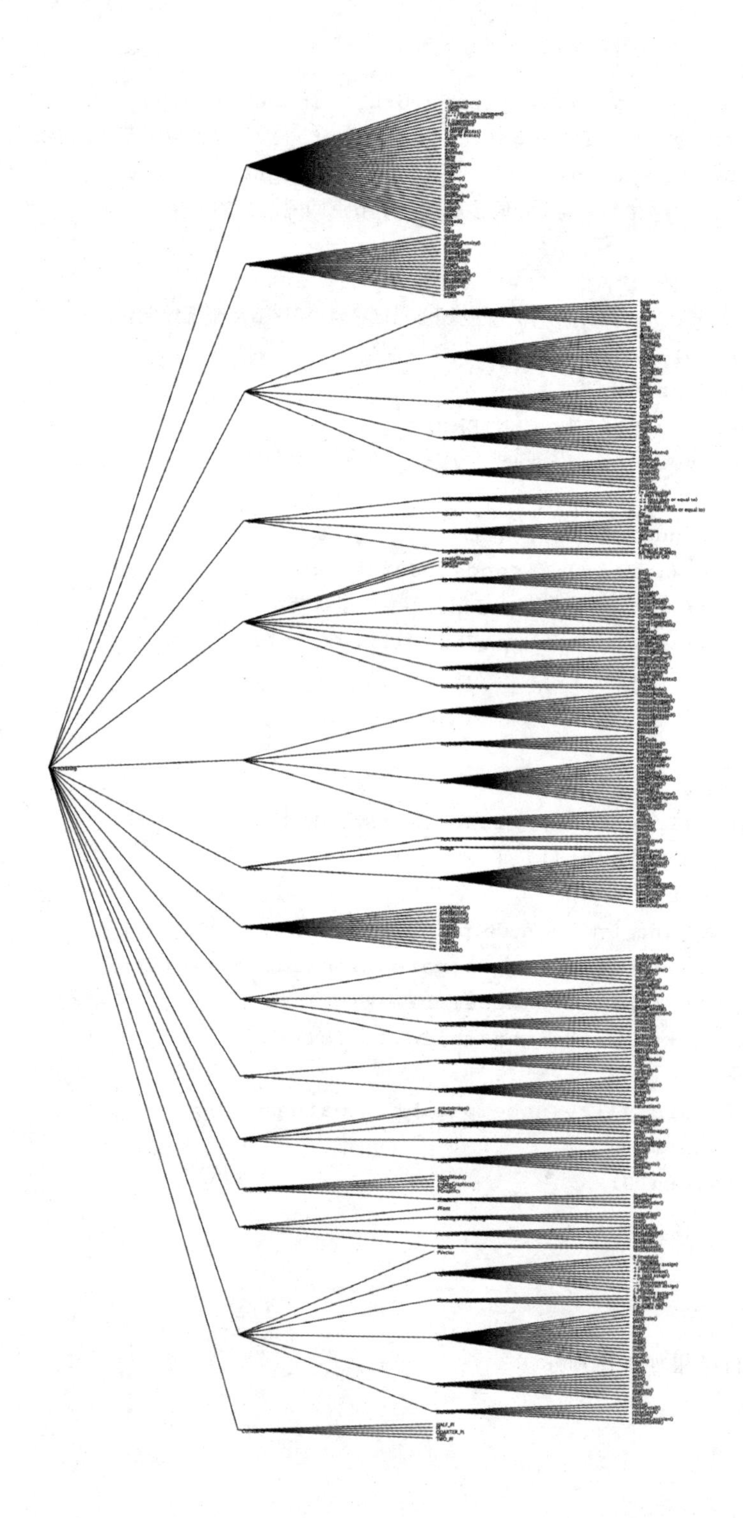

接着构建径向树状图，径向树状图把相同层的节点放在同一个同心圆上，在最后一层把圆划分为n个间隔点，并让n等于树包含的所有叶节点数量。然后让每个父节点的位置，都位于所有子节点弧度的正中间。最后把所有节点按照树的层次关系用线段连接，这样就构建出了一个径向树状图。如下图所示。

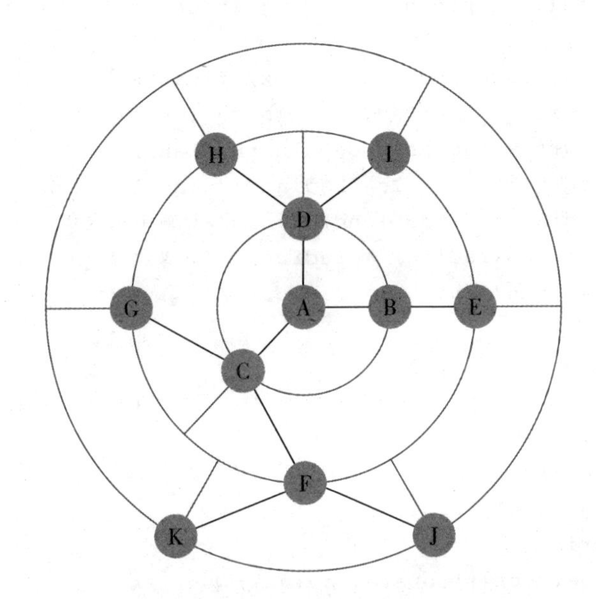

我们来修改VisualTree类构建径向树状图，构建径向树状图的代码类似于旭日树状图的代码。径向树状图在display()方法中计算每个节点的坐标时，首先通过radian()递归函数返回该节点在圆上的偏移弧度，再加上子节点弧度总和的一半，得到节点的实际偏移弧度。再通过节点所在层的半径和偏移弧度计算出节点的坐标位置。最后绘制节点和所有连接线段构建出径向树状图。

```
class VisualTree {
  Tree root;
  float leafRadius;
  float leafRadian;

  VisualTree() {
    root = create(null, loadJSONObject( "tree.json" ));
    leafRadius = 550/root.depth();
```

```
  leafRadain = TAU/root.leafs();
  translate(width/2, height/2);
  display(root, 0, 0);
}

Tree create(Tree parent, JSONObject object) {}

void display(Tree node, float px, float py) {
  float radius = leafRadius * (node.level()-1);
  float start = radian(node, leafRadian);
  float end = start + leafRadian * node.leafs();
  float radian = (start+end)/2;    //计算中间弧度
  float x = cos(radian) * radius; //计算x坐标
  float y = sin(radian) * radius; //计算y坐标

  stroke(0);
  line(px, py, x, y); //基于父节点坐标和该节点坐标绘制线段
  fill(0);
  textSize(8);
  textAlign(LEFT, CENTER);
  pushMatrix();
  if (!node.root())rotate(radian);
  translate(radius, 0);
  text(node.name, 5, 0);
  popMatrix();

  if (!node.leaf()) {
    for (int i=0; i<node.degree(); i++) {
      display(node.getChild(i), x, y);
    }
  }
}

float radian(Tree node, float leafRadian) {
  if (!node.root()) {
    float radian = 0;
    for (int i=0; i<node.parent.children.size(); i++) {
      Tree child = node.parent.children.get(i);
```

```
        if (child == node) break;
        radian += leafRadian*child.leafs();
      }
      return radian + radian(node.parent, leafRadian);
    } else {
      return 0;
    }
  }
}
```

运行结果如下图所示。

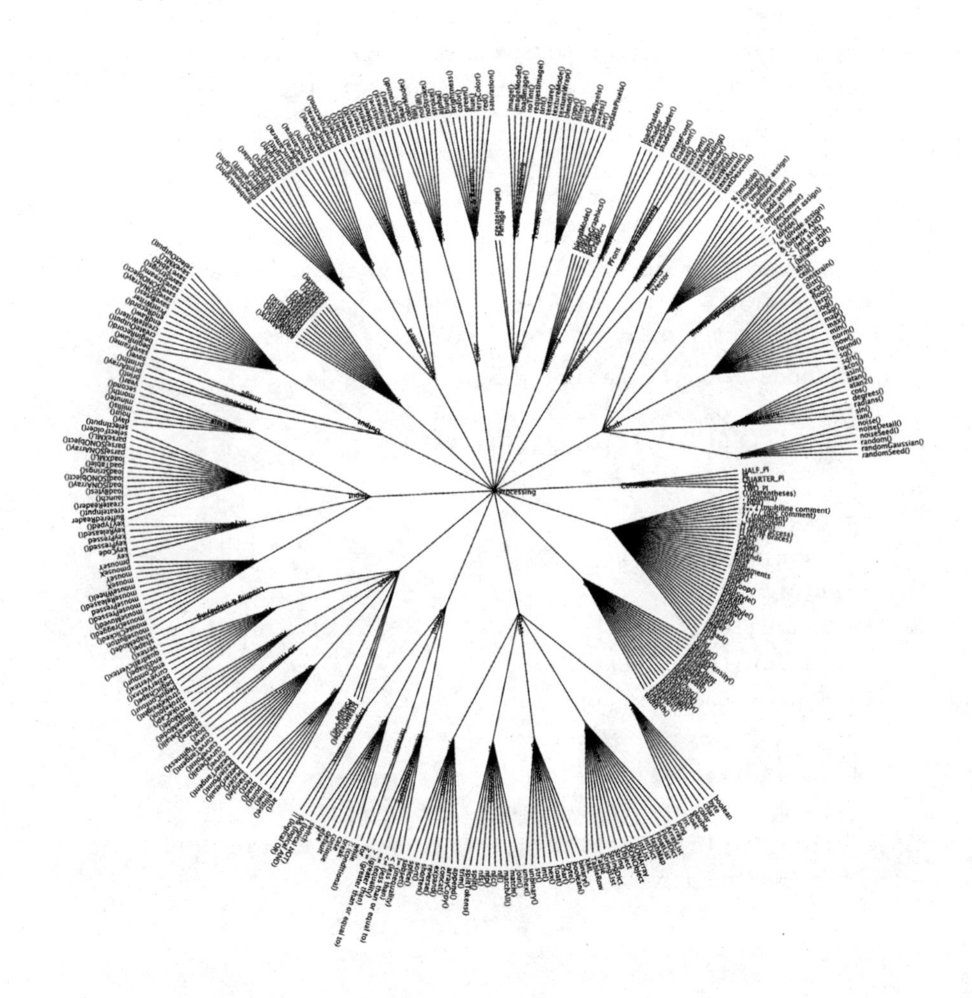

现在实现最后一个树结构可视化，这次用树的形状来可视化树结构。在“线”那一章我们通过对线进行细分得到了一个类似树的形状，下面借助之前的递归算法构造这个可视化图形，让每个节点分支线的角度，都基于父节点角度生成一个范围在-45°~45°的随机角度，并且让分支线长度随着层的深入，以0.7倍递减。

```
class VisualTree {
  Tree root;

  VisualTree() {
    root = create(null, loadJSONObject( "tree.json" ));
    display(root, width/2, height, height/3, -HALF_PI);
  }

  Tree create(Tree parent, JSONObject object) {}

  void display(Tree node, float px, float py, float r, float a) {
    float radian = a + random(-QUARTER_PI, QUARTER_PI);
    //基于父节点角度，生成一个范围在-45° ~45° 之间的随机角度
    if (node.root()) radian = a;
    float x = px + cos(radian) * r;
    float y = py + sin(radian) * r;

    stroke(0);
    line(px, py, x, y); //绘制线段
    fill(0);
    textSize(10);
    textAlign(LEFT, CENTER);
    text(node.name, x, y);

    if (!node.leaf()) {
      for (int i=0; i<node.degree(); i++) {
        display(node.getChild(i), x, y, r*.7, radian);
        //递归绘制分支和节点，分支长度乘以0.7
      }
```

```
        }
    }
}
```

运行结果如下图所示。

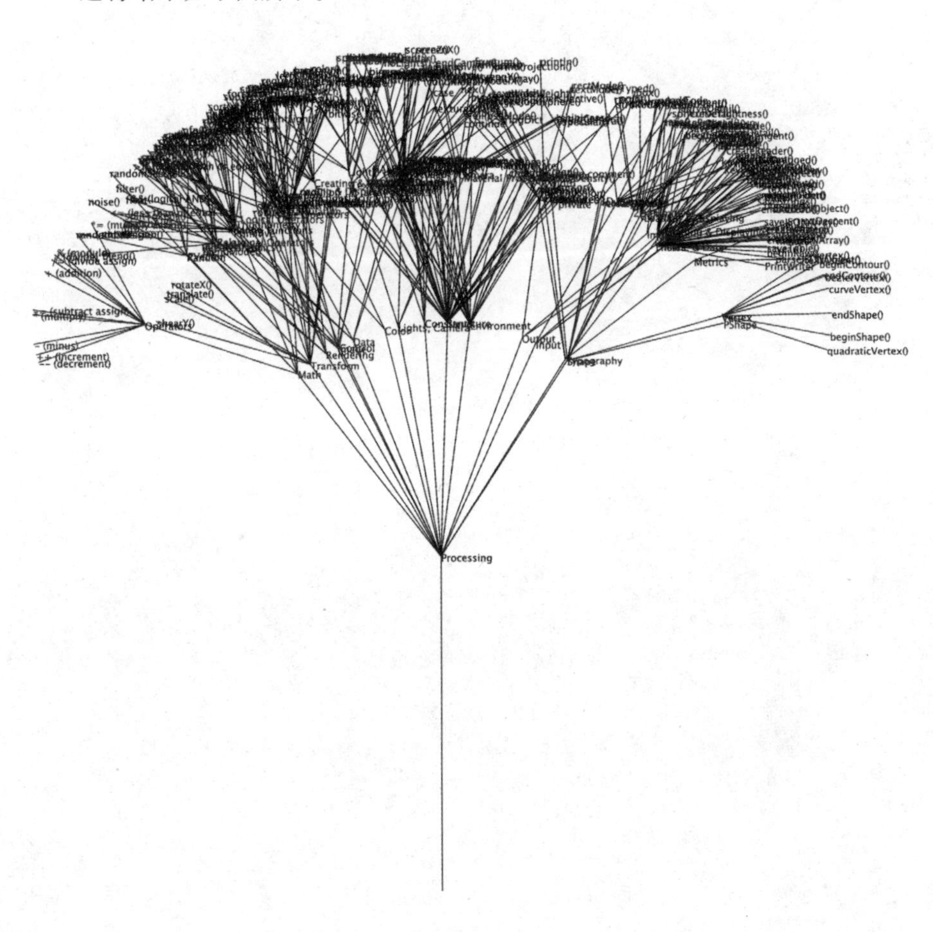
Processing
Math
Transform
Rendering
Data
Output
Input
Metrics
PShape
PrintWriter
endShape()
beginShape()
quadraticVertex()
curveVertex()
rotateX()
translate()
noise()
filter()
+ (addition)
- (minus)
++ (increment)
-- (decrement)

图 GRAPH

10

图也是一种非线性数据结构，它比树更复杂，图由顶点（Vertex）集合与边（Edge）集合组成。生活中我们会经常遇到图结构，如人际关系网、论文引用关系等。图分有向图和无向图，有向图表示图中顶点之间的边具有方向性，而无向图的边没有方向性。有无方向性取决于对关系的定义：如人际关系中对关系的定义，如果是相互认识，那么边就没有方向性；论文引用中是一篇论文引用另外一篇论文，所以边具有方向性。边还拥有权重（Weight）属性，表示关系的权重，如人际关系中，互相认识的两人的熟悉程度。 如下图所示。

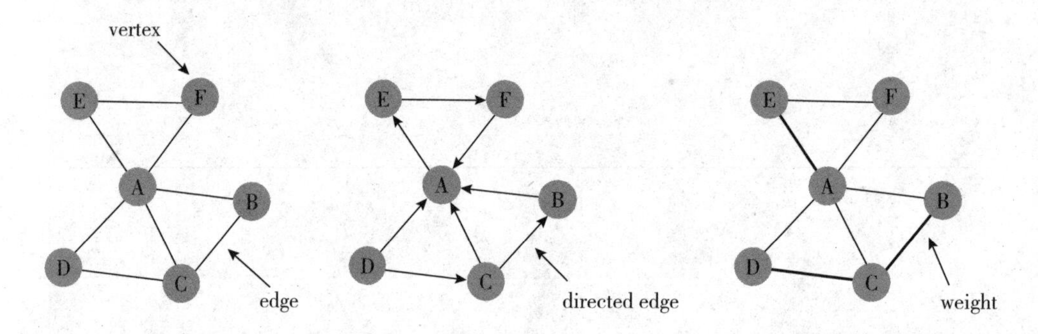

构建图的类

下面开始构建组成图的所有类，包括顶点Vertex类、边Edge类和Graph图类。

首先构建顶点Vertex类，Vertex类包含顶点名字属性name，还有顶点位置属性position，我们会基于position属性在Vertex类的display()方法中绘制顶点。

```
class Vertex {
  String name;
  Vector position;

  Vertex(String name, float x, float y) {
    this.name = name;
    position = new Vector(x, y);
  }
  void display() {}
}
```

然后定义Edge类，包含a、b两个顶点属性，还有边的权重weight属性，权重默认为1。display()方法用于绘制边，会在后面基于图的不同可视化方案，通过实现Edge类的display()方法来绘制边。

```
class Edge {
  Vertex a, b;
  float weight;

  Edge(Vertex a, Vertex b) {
    this.a = a;
    this.b = b;
    weight = 1;
  }

  void display() {}
}
```

继续定义Graph类，用于创建、处理和可视化图。Graph类包含vertices和edges两个属性，存储所有的顶点和边。图的构造函数用于创建图，之后会具体实现。getVertex()方法根据顶点名字返回顶点，通过遍历所有顶点并用字符串的equals()方法来判断名字是否相同来实现。getEdge()方法根据两个顶点的名字返回边，这里检测的是无向图的边，无向图的边没有方向，所以要检测正反两个方向是否存在边。同时我们也重载了getEdge()方法，可以根据两个顶点来返回边。display()方法用于遍历所有的顶点和边，并绘制它们。

```
class Graph {
  ArrayList<Vertex> vertices = new ArrayList<Vertex>();
  ArrayList<Edge> edges = new ArrayList<Edge>();

  Graph() {} //构造函数

  Vertex getVertex(String name) { //返回顶点
    for (int i=0; i<vertices.size(); i++) {
      Vertex vertex = vertices.get(i);
      if (vertex.name.equals(name)) return vertex;
    }
    return null;
  }

  Edge getEdge(String a, String b) { //根据名字返回边
    for (int i=0; i<edges.size(); i++) {
      Edge edge = edges.get(i);
      if (a.equals(edge.a.name) && b.equals(edge.b.name)) return edge;
      if (a.equals(edge.b.name) && b.equals(edge.a.name)) return edge;
    }
    return null;
  }

  Edge getEdge(Vertex a, Vertex b) { //根据顶点返回边
    for (int i=0; i<edges.size(); i++) {
      Edge edge = edges.get(i);
      if (a.name.equals(edge.a.name) && b.name.equals(edge.b.name)) {
        return edge;
      }
      if (a.name.equals(edge.b.name) && b.name.equals(edge.a.name)) {
        return edge;
      }
    }
    return null;
  }
```

```
  void display() { //显示所有边和顶点
    for (Edge edge : edges) edge.display();
    for (Vertex vertex : vertices) vertex.display();
  }
}
```

基于外部数据建立图

下面基于text.txt外部数据建立一个图，text.txt存储的文本数据为Processing官网对Processing的简介，分析文本中的每个单词相邻的两个字母，两个字母相邻就建立一条边，如果之后再次出现相同的两个字母相邻，就查找已创建的边，并增加它的权重。这里忽略两个相邻字母出现的顺序。

text.txt
Processing is a flexible software sketchbook and a language for learning how to code within the context of the visual arts. Since 2001, Processing has promoted software literacy within the visual arts and visual literacy within technology. There are tens of thousands of students, artists, designers, researchers, and hobbyists who use Processing for learning and prototyping.

在可视化这个图时，把顶点排列在一个圆周上，如果顶点之间存在边就以一条线段相连，并用线段的粗细来表示边的权重。下面在Graph类的构造函数中基于上述规则建立图，首先通过ASCII编码来创建所有的顶点，在ASCII编码中65到91表示从A到Z的所有大写字母。创建完顶点后加载数据文件，并把数据中的文本分割为单独的单词，并忽略数字和标点符号。最后遍历每个单词相邻的两个字母，寻找相应的边，如果不存在，创建边，如果存在，权重加1。

```
Graph() {
  for (int i=65; i<91; i++) {
    char c = char(i);
    float radian = map(i, 65, 91, 0, TAU); //ASCII编码映射为弧度
    float x = width/2 + cos(radian) * 400;
    float y = height/2 + sin(radian) * 400;
    Vertex vertex = new Vertex(str(c), x, y); //基于字母和坐标创建顶点
    vertices.add(vertex); //把顶点添加到顶点数组中
  }

  String[] data = loadStrings( "text.txt" ); //加载数据
  String[] words = splitTokens(data[0].toUpperCase(), "012,. ");
      //把字符串分割为单个单词，并把所有字母转化为大写

  for (int i=0; i<words.length; i++) { //遍历所有的单词
    String word = words[i];
    for (int j=0; j<word.length()-1; j++) {
      Vertex a = getVertex(str(word.charAt(j)));
                   //基于第一个字母返回顶点
      Vertex b = getVertex(str(word.charAt(j+1)));
                   //基于第二个字母返回顶点
      Edge edge = getEdge(a, b); //查找边
      if (edge == null) {   //判断边是否已创建
        edges.add(new Edge(a, b)); //创建边
      } else {
        edge.weight++;      //权重加1
      }
    }
  }
}
```

相应地，通过Vertex类和Edge类的display()方法绘制顶点和边。这里需注意的一点是，绘制顶点名字时，对坐标重新做了定位，让文字始终显示在圆周的外围。

```
class Vertex {
  void display() {
    noStroke();
```

```
    fill(0);
    ellipse(position.x, position.y, 5, 5); //绘制点

    textSize(12);
    textAlign(CENTER, CENTER);
    float radian = map(name.charAt(0), 65, 91, 0, TAU);
                                               //计算偏移角度
    float x = cos(radian) * 20;
    float y = sin(radian) * 20;
    text(name, position.x+x, position.y+y); //绘制文字
  }
}

class Edge {
  void display() {
    stroke(0);
    strokeWeight(weight);
    line(a.position.x, a.position.y,
      b.position.x, b.position.y); //绘制线段
  }
}
```

最后在render()函数中创建图，并调用display()方法绘制图。

```
void render() {
  Graph graph = new Graph();
  graph.display();
}
```

运行结果如下图所示。

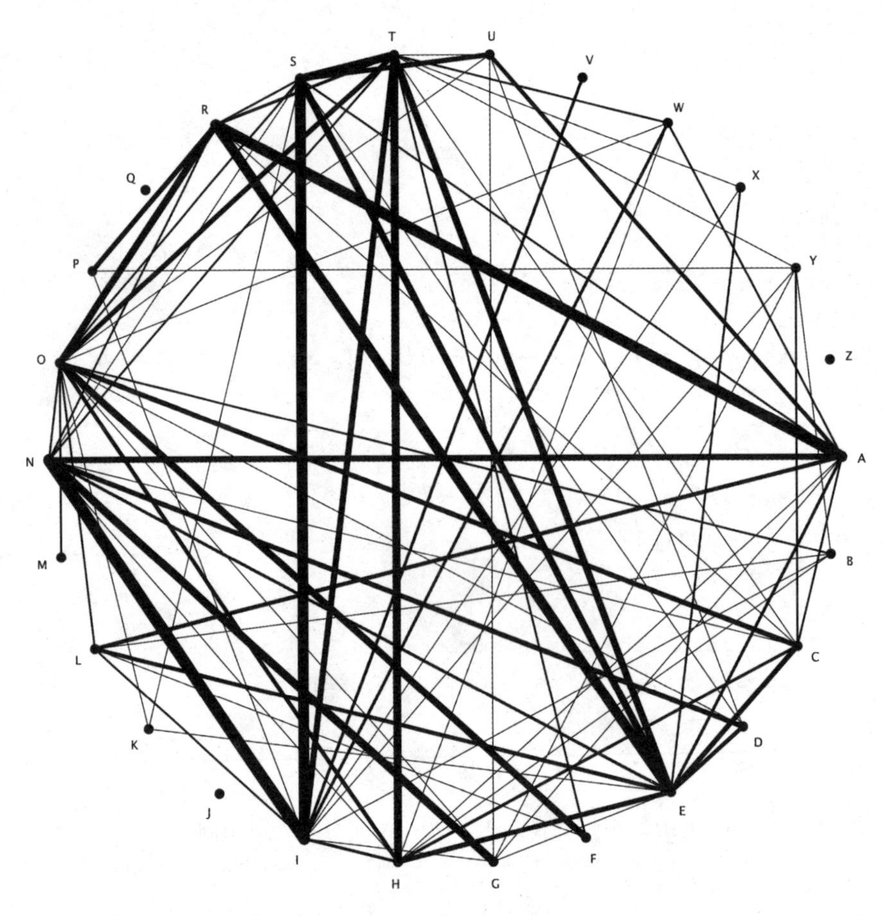

下面用另外一种可视化方式来可视化上面的图结构，我们把所有顶点都水平排列，如果顶点之间存在关系就用一条弧线来连接，弧线是以两个顶点之间的距离为直径绘制半圆。弧线分为上弧线和下弧线，也就是说这次会把边的方向可视化，上弧线代表正方向，下弧线代表负方向，当第一个字母的ASCII编码小于第二个字母的ASCII编码时为正方向，反之为负方向。如右图所示。

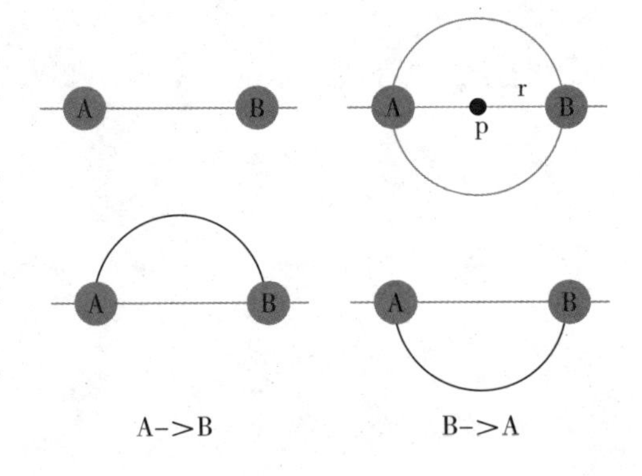

首先为Graph类添加两个新方法，getDirectedEdge()方法和该方法的重载方法，这两个方法可以根据名字或顶点返回有向边。和getEdge()方法不同的是getDirectedEdge()方法只检测一个方向上是否存在边。

```
Edge getDirectedEdge(String a, String b) {
  for (int i=0; i<edges.size(); i++) {
    Edge edge = edges.get(i);
    if (a.equals(edge.a.name) && b.equals(edge.b.name)) return edge;
  }
  return null;
}

Edge getDirectedEdge(Vertex a, Vertex b) {
  for (int i=0; i<edges.size(); i++) {
    Edge edge = edges.get(i);
    if (a.name.equals(edge.a.name) && b.name.equals(edge.b.name)) {
      return edge;
    }
  }
  return null;
}
```

修改Graph类的构造函数，更改顶点的排列方式为水平，并把getEdge()查找边改为getDirectedEdge()方法查找。

```
Graph() {
  for (int i=65; i<91; i++) {
    char c = char(i);
    float x = map(i, 64, 91, 0, width); //映射x坐标
    float y = height/2;
    Vertex vertex = new Vertex(str(c), x, y);
    vertices.add(vertex);
  }
```

```
  String[] data = loadStrings( "text.txt" );
  String[] words = splitTokens(data[0].toUpperCase(), "012,. ");

  for (int i=0; i<words.length; i++) {
    String word = words[i];
    for (int j=0; j<word.length()-1; j++) {
      Vertex a = getVertex(str(word.charAt(j)));
      Vertex b = getVertex(str(word.charAt(j+1)));
      Edge edge = getDirectedEdge(a, b); //返回有向边
      if (edge == null) {
        edges.add(new Edge(a, b));
      } else {
        edge.weight++;
      }
    }
  }
}
```

修改Vertex类和Edge类的display()方法， 绘制顶点和边。

```
class Vertex {
  void display() {
    noStroke();
    fill(0);
    ellipse(position.x, position.y, 5, 5);
    textSize(12);
    textAlign(CENTER, CENTER);
    text(name, position.x+15, position.y);
  }
}

class Edge {
  void display() {
    stroke(0);
    strokeWeight(weight);
    float x = (a.position.x + b.position.x)/2;
    float r = abs(a.position.x - b.position.x)/2; //计算半径
```

```
    if (a.name.charAt(0) < b.name.charAt(0)) {
              //判断两个顶点字母的位置关系
      arc(x, a.position.y, r, r, PI, TAU); //绘制上弧线
    } else {
      arc(x, a.position.y, r, r, 0, PI);   //绘制下弧线
    }
  }
}
```

最终结果如下图所示，可以看到在这个文本数据中不存在Z字母，IN组合在单词中出现的次数很高。

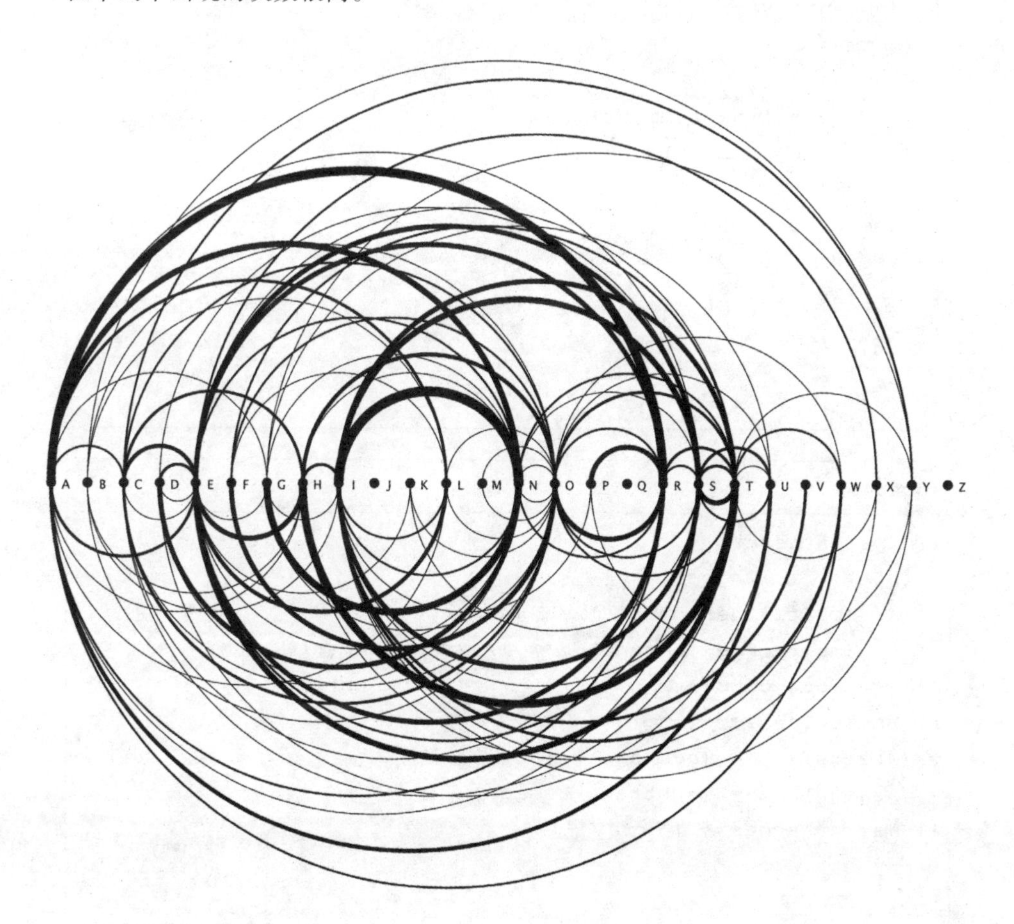

下面使用另一组数据文件来构建图，顶点数据和边数据分别存储在vertex.txt和edge.txt两个文件中，在vertex.txt文件中每一行代表一个节点数据。在edge.txt文件中每一行代表一条边，用制表符来分割边的两个节点名字。这两个文件构成的图的顶点是Processing Reference中的所有关键字，而边的关系是当点击某个关键字进入具体页面后，在Related标签下列出的与它相关的其他关键字，代表两者之间有关系。

```
vertex.txt
```

```
() (parentheses)
, (comma)
. (dot)
/* */ (multiline comment)
/** */ (doc comment)
// (comment)
; (semicolon)
= (assign)
[] (array access)
{} (curly braces)
… …
TWO_PI
```

```
edge.txt
```

```
() (parentheses)    , (comma)
. (dot)        Object
/* */ (multiline comment) // (comment)
/* */ (multiline comment) /** */ (doc comment)
/** */ (doc comment)            // (comment)
; (semicolon)for
= (assign)    += (add assign)
= (assign)    -= (subtract assign)
[] (array access)   Array
… …
TAU    TWO_PI
```

修改Graph类的构造函数，加载顶点数据和边数据，并创建所有的顶点和边，顶点位置为随机。

```
Graph() {
  String[] vertex_data = loadStrings( "vertex.txt" );

  for (int i=0; i<vertex_data.length; i++) {
    float x = random(width);
    float y = random(height);
    Vertex vertex = new Vertex(vertex_data[i], x, y);
    vertices.add(vertex);
  }

  String[] edge_data = loadStrings( "edge.txt" );
  for (int i=0; i<edge_data.length; i++) {
    String[] names = split(edge_data[i], TAB);
    Vertex a = getVertex(names[0]);
    Vertex b = getVertex(names[1]);

    if (a!=null && b!=null)
    {
      Edge edge = new Edge(a, b);
      edges.add(edge);
    }
  }
}
```

基于顶点和边的display()方法，显示结果如下图所示。

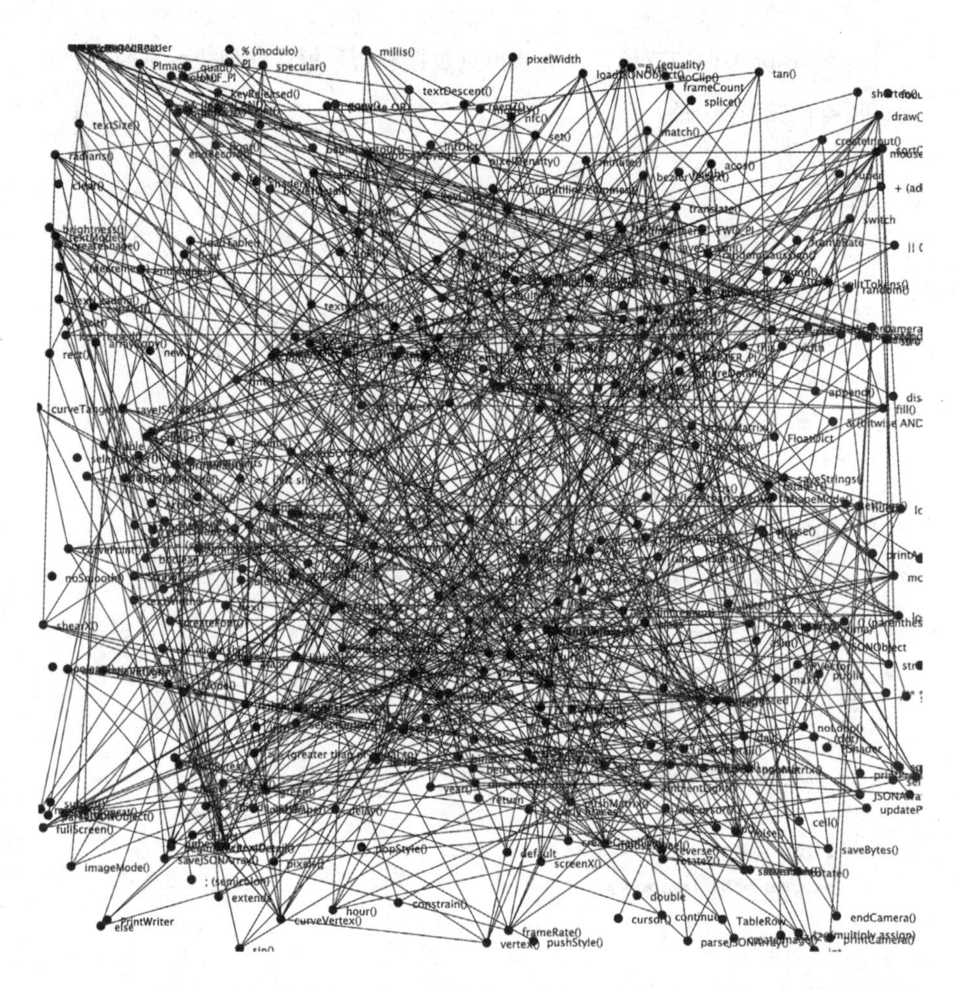

可以看到上图中有很多的交叉和重叠，我们没有使用之前的可视化方式来呈现这个图结构，而是用另外一种基于力的方式让程序自动解决顶点重叠和边交叉问题。这里使用力导向布局（Force-directed layout）的方法来可视化图。力导向布局原理是基于动力学原理，在顶点之间产生引力和斥力来布局图结构。我们把每个顶点都用之前的粒子动力学方式建模，然后在每个顶点之间基于距离产生一个排斥力使它们不重叠，斥力使用万有引力F=G*m1*m2/(d*d)公式取反得到，距离越近排斥力越大。然后在存在边的节点之间用一条指定长度的弹簧来连接两个顶点，可以将两个相关的顶点拉近距离，弹簧的力学实现使用胡克定律F=-kx建立。

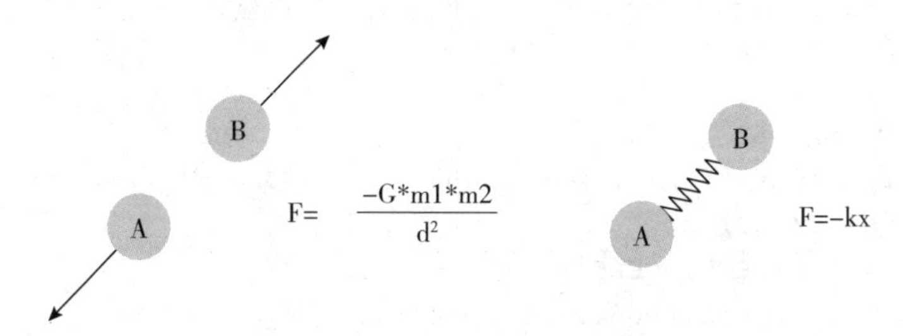

下面讲解基于动力学的Vertex类，去掉了最大速度限制，多了一个摩擦系数，摩擦系数为0.9，在update()方法中用速度乘摩擦系数来模拟摩擦力，摩擦力可以使顶点静止下来。

```
class Vertex {
  String name;
  Vector position;
  Vector velocity;
  Vector acceleration;
  float friction = .9; //摩擦系数
  float mass;

  Vertex(String name, float x, float y) {
    this.name = name;
    position = new Vector(x, y);
    velocity = new Vector();
    acceleration = new Vector();
    mass = 1;
  }

  void apply(Vector force) {
    acceleration = acceleration.add(force.div(mass));
  }

  void update() {
    velocity = velocity.add(acceleration);
    velocity = velocity.mult(friction); //速度乘以摩擦系数
    position = position.add(velocity);
    acceleration = acceleration.mult(0);
  }
```

```
  void display() {
    noStroke();
    fill(0);
    ellipse(position.x, position.y, 5, 5);
    textSize(12);
    textAlign(LEFT, CENTER);
    text(name, position.x+10, position.y);
  }
}
```

接下来扩展Edge类，增加属性k和l，k为弹簧的劲度系数，l为弹簧正常状态下的长度。update()方法中通过顶点位置和胡克定律来计算弹力，并把弹力赋予边的两个顶点。

```
class Edge {
  Vertex a, b;
  float k = .1;
  float l = 50;

  Edge(Vertex a, Vertex b) {
    this.a = a;
    this.b = b;
  }

  void update() {
    Vector force = a.position.sub(b.position);
    float d = force.mag();          //返回距离
    force = force.normalize();      //标准化
    force = force.mult(-k*(d-l));  //计算弹力
    a.apply(force);                 //a施加弹力
    force = force.mult(-1);         //弹力反向
    b.apply(force);                 //b施加弹力
  }

  void display() {
    stroke(0);
    strokeWeight(1);
    line(a.position.x, a.position.y,
```

```
        b.position.x, b.position.y);
    }
}
```

接着在Graph类中添加万有引力常数G，G越大产生的力也越大。然后添加repulsion()方法，通过万有引力公式计算粒子之间的斥力，并施加到每个顶点上。最后在update()方法中调用repulsion()方法施加斥力，并更新所有顶点和边。

```
class Graph {
  ArrayList<Vertex> vertices = new ArrayList<Vertex>();
  ArrayList<Edge> edges = new ArrayList<Edge>();
  float G = 10;

  void repulsion() {
    for (int i=0; i<vertices.size(); i++) {
      Vertex a = vertices.get(i);
      for (int j=i+1; j<vertices.size(); j++) {
        Vertex b = vertices.get(j);
        Vector force = a.position.sub(b.position);
        float d = force.mag();       //计算距离
        d = max(d, 1);               //使距离不小于1
        force = force.normalize(); //保留力的方向
        force = force.mult(G*a.mass*b.mass/(d*d)); //计算斥力

        a.apply(force);              //a施加斥力
        force = force.mult(-1);      //力反向
        b.apply(force);              //b施加斥力
      }
    }
  }

  void update() {
    repulsion();                     //施加斥力
    for (Edge edge : edges) edge.update(); //更新边
    for (Vertex vertex : vertices) vertex.update(); //更新顶点
  }
}
```

在render()函数中创建Graph实例，演化系统1000次后绘制所有顶点和边。如下图所示。

```
void render() {
  Graph graph = new Graph();
  for(int time=0; time<1000; time++) graph.update(); //演化系统
  graph.display(); //绘制图
}
```

我们也可以基于力导向布局来可视化树结构的数据，修改Graph类的构造函数，添加create()方法，然后在构造函数中加载tree.json数据，并基于树结构创建顶点和边。

```
class Graph {
  Graph() {
    JSONObject jsonObject = loadJSONObject( "tree.json" );
    String name = jsonObject.getString( "name" );
    float x = width/2;
    float y = height/2;
    Vertex root = new Vertex(name, x, y);
    vertices.add(root);

    create(root, jsonObject);
  }

  void create(Vertex parent, JSONObject jsonObject) {
    float margin = 150;
    JSONArray children = jsonObject. getJSONArray( "children" );
    for (int i=0; i<children.size(); i++) {
      JSONObject child = children.getJSONObject(i);
      String name = child.getString( "name" );
      float x = random(margin, width-margin);
      float y = random(margin, height-margin);
      Vertex vertex = new Vertex(name, x, y); //创建顶点
      vertices.add(vertex);

      Edge edge = new Edge(parent, vertex); //创建边
      edges.add(edge);
      //如果孩子不为空，执行递归
```

```
      if (!child.isNull( “children” ))create(vertex, child);
    }
  }
}
```

最终显示结果如下图所示，可以基于力导向布局呈现的效果不断调整Edge类的k、l属性和Graph类的G属性来达到最优的布局。

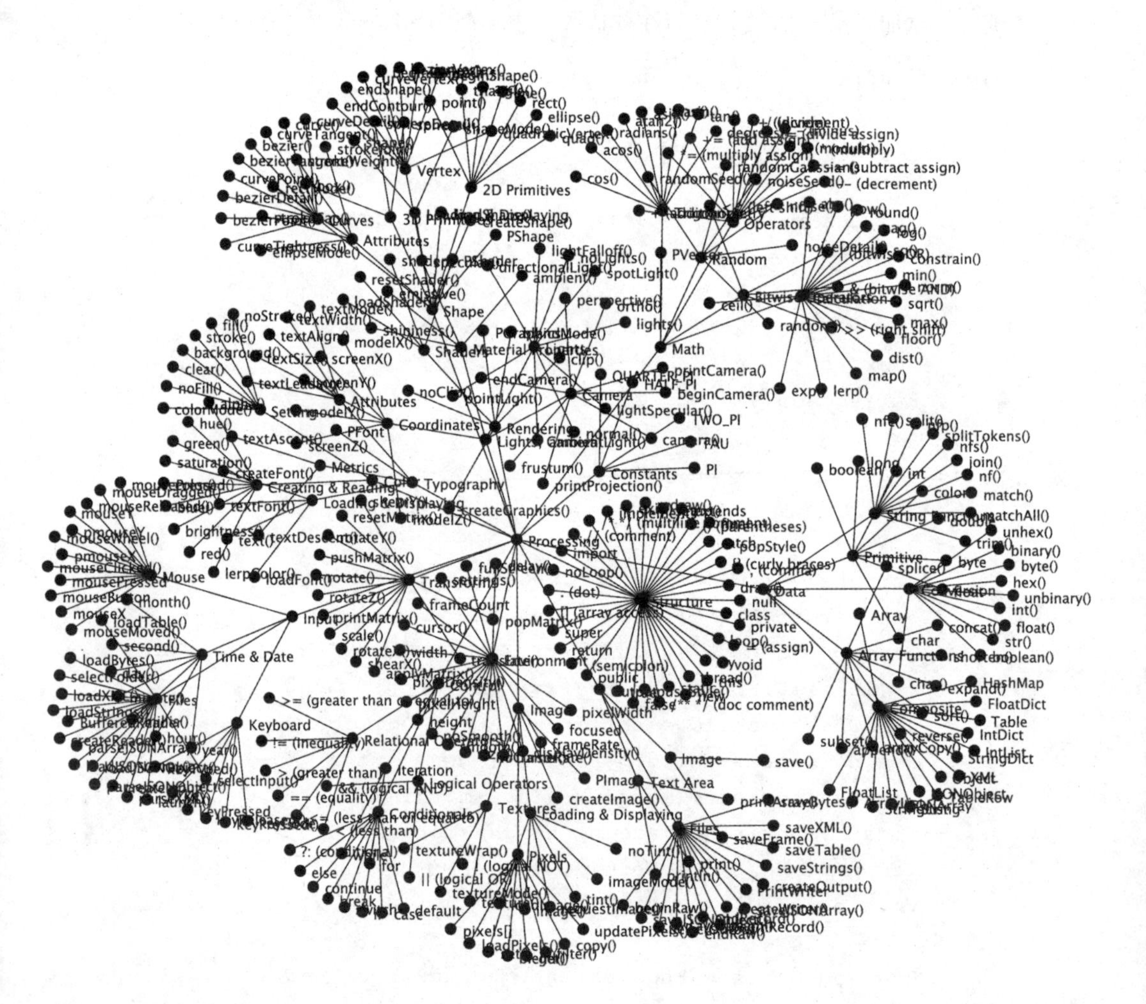

11

声 SOUND

在物理学中声音是由物体振动产生的声波。物体在一秒内振动的次数叫作频率（Frequency），单位是赫兹（Hz），声波震动的幅度为振幅（Amplitude）。人的听觉范围为20～20000Hz，低于20Hz为次声波，高于20000Hz为超声波。一般认为有规则的振动发出的声音为乐音，在乐音中有三个主要特征：音调、响度、音色。音调由频率决定，频率越高音调越高，如钢琴的A4键频率为440Hz，A5键频率为880Hz。响度由振幅决定，振幅越大响度越大。音色由波的形状决定，如基础波形有正弦波、锯齿波、方波等，复杂波形可以通过简单波形叠加产生。

在计算机中可以通过声音输入设备实时接收声音输入，通过计算机算法可以从时域和频域两个方面来对声音信号进行分析：时域数据是在一定时间内采样的波形数据；频域数据是通过对波形进行快速傅里叶变换，得到的不同频段的振幅。下图为不同频率倍数正弦波叠加成的方波，时域信息为波形，频域信息为各个频率波形的振幅。

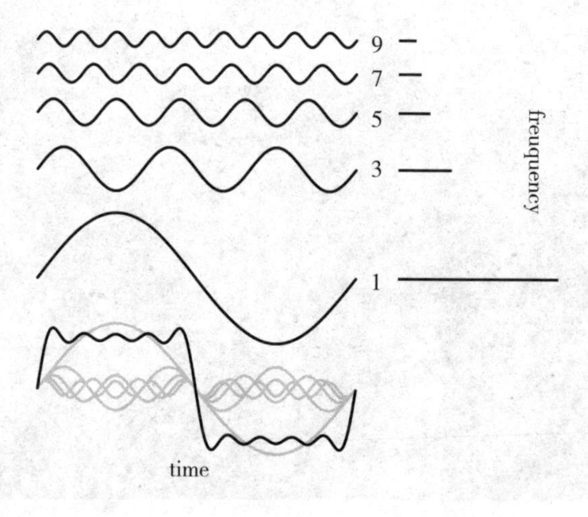

Sound库

本章我们将通过把声音的时域特征和频域数据映射到图形的属性和运动进行声音可视化。这里使用Sound库的AudioIn类来获取实时声音输入，用Amplitude类来分析时域波形振幅的RMS（root mean square），振幅RMS可以理解为当前时刻波形振幅的整体强度，返回值为0到1之间的一个数。还会用FFT（Fast Fourier Transform）类来分析频域信息，获取不同频段的振幅强度。为了实时可视化声音，我们用setup()和draw()函数结构来实现本章的所有例子。

下面的例子在画面中绘制一个圆，并通过Amplitude类来实时分析声音输入的波形，返回振幅RMS，并把RMS映射为圆形的半径值。

```
import processing.sound.*;        //导入Sound库
AudioIn audio;                    //声音输入变量
Amplitude amp;                    //振幅分析变量

void setup() {
  size(1000, 1000);
  audio = new AudioIn(this, 0);   //创建声音输入
  audio.start();                  //开始输入声音
  amp = new Amplitude(this);      //创建振幅分析
  amp.input(audio);               //绑定声音输入到振幅分析
  background(255);                //背景色设置为白色
}

void draw() {
  float rms = amp.analyze();      //分析波形，返回振幅RMS
  float radius = map(rms, 0, 1, 0, 5000); //振幅RMS映射为半径
  noStroke();
  fill(0, 10);
  ellipse(width/2, height/2, radius, radius); //绘制圆
}
```

运行结果如下图所示。

现在通过另一种方式来可视化振幅RMS，在画面中绘制一些粒子，并让每个粒子的速率值都初始化为一个随机值，在每次更新粒子的时候让粒子的y坐标加上自己的速率，并且让速率乘以当前的RMS值，实现可视化。

下面是具体的Particle类，x、y属性为粒子的位置坐标，py为粒子上一次更新时的y坐标，存储它的目的是为了基于当前y坐标和上一次y坐标来绘制一条线段。w为线段的宽度，speed为y坐标每次移动的速率，在构造函数中w和speed初始化为随机值。然后是update()方法，update()方法更新粒子的y坐标，并让speed乘以一个RMS值，RMS值通过参数传入update()方法，之后将在draw()函数中把振幅RMS值传进来。border()方法检测粒子是否超出画面下边界，如果超出，重制y和py值，并让x坐标取一个随机值。最后的display()方法用于绘制粒子。

```
class Particle {
  float py, x, y;                    //坐标属性
  float w;                           //线段宽度
  float speed;                       //速率

  Particle(float x, float y) {
    this.x = x;
    this.y = y;
    py = y;
    w = random(2, 10);
    speed = random(.1, 1);
  }

  void update(float rms) {
    py = y;                          //存储y坐标
    y += speed * rms * 100;          //更新y坐标
    border();                        //边界检测
  }

  void border() {
    if (py>height) {                 //判断是否超出下边界
      x = random(width);
      y = 0;
      py = y;
    }
  }

  void display() {
    stroke(0);
    strokeWeight(w);
    line(x, py, x, y);               //绘制线段
  }
}
```

接着在主标签中创建100个Particle实例，在draw()函数中更新所有的粒子，并把振幅RMS值作为参数传入到粒子的update()方法中。另外在每次更新

开始时绘制一个低透明度的矩形，覆盖画面之前的内容，产生残影效果。

```
import processing.sound.*;
AudioIn audio;
Amplitude amp;
Particle[] particles;

void setup() {
  size(1000, 1000);
  audio = new AudioIn(this, 0);
  audio.start();
  amp = new Amplitude(this);
  amp.input(audio);
  background(255);

  particles = new Particle[100];
  for (int i=0; i<particles.length; i++) {
    particles[i] = new Particle(random(width), random(height));
                       //创建粒子，坐标位置为随机
  }
}

void draw() {
  noStroke();
  fill(255, 10);
  //绘制低透明度矩形，覆盖画面内容
  rect(0, 0, width, height);

  float rms = amp.analyze();  //分析波形，返回振幅RMS
  for (int i=0; i<particles.length; i++) {
    particles[i].update(rms); //传入rms更新粒子
    particles[i].display();   //绘制粒子
  }
}
```

运行结果如下图所示。

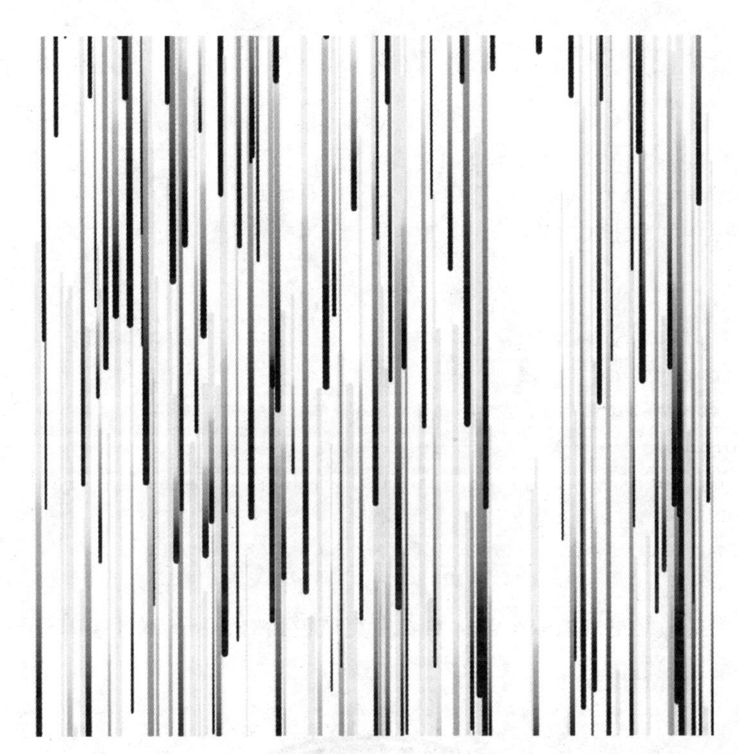

下面改变Particle类，让它以弧线的方式做圆周运动。和之前的区别是粒子每次更新的属性改为“弧度”，并通过振幅RMS计算弧度增量更新弧度。这里去掉了边界检测，因为圆周运动不会超出画面的边界。在display()方法中绘制弧线可以用arc()函数，需要指定原点坐标、半径、开始弧度和结束弧度，这里把开始弧度设置为上一次更新时的弧度，结束弧度设置为当前弧度。

```
class Particle {
  float preRadian, radian, radius;
  float w;
  float speed;

  Particle(float radian, float radius) {
    this.radian = radian;
    this.radius = radius;
    preRadian = radian;
    w = random(2, 10);
```

```
    speed = random(.01, .1);
  }

  void update(float rms) {
    preRadian = radian;          //存储弧度
    radian += speed * rms * 10; //更新弧度
  }

  void display() {
    stroke(0);
    strokeWeight(w);
    noFill();
    arc(width/2, height/2, radius, radius, preRadian, radian);
  }
}
```

下图是最终呈现效果，当你对着麦克风说话时，所有粒子会基于自己的速率和当前声音强度做圆周运动。

FFT分析

振幅RMS分析返回的是一个数值，表明当前声音的强度。下面用FFT来分析声音输入，FFT分析会基于我们设置的频段数量，返回指定数量的频域数据，通过把不同频段的数据赋给对应的每一个粒子的update()方法，产生不一样的可视化效果。这里把粒子运动改为了水平运动。

```
class Particle {
  float px, x, y;
  float w;
  float speed;

  Particle(float x, float y) {
    this.x = x;
    this.y = y;
    px = x;
    w = random(2, 10);
    speed = random(.1, 1);
  }

  void update(float level) {
    px = x;                        //存储x坐标
    x += speed * level * 1000; //更新x坐标
    border();
  }

  void border() {
    if (px>width) {              //判断是否超出右边界
      y = random(height);
      x = 0;
      px = x;
    }
  }

  void display() {
```

```
    stroke(0);
    strokeWeight(w);
    line(px, y, x, y);
  }
}
```

然后在主标签中声明FFT变量，并创建一个spectrum数组，spectrum数组用来存储FFT分析返回的不同频段的强度数值，大小设置为256。接着在setup()函数中实例化FFT和创建所有粒子，让粒子个数和spectrum数组大小一致，最后在draw()函数中调用FFT分析，把分析结果存储到spectrum数组，并遍历所有粒子和对应频段更新每一个粒子。

```
import processing.sound.*;
AudioIn audio;
FFT fft;                                //FFT分析变量
float[] spectrum = new float[256]; //频段数组
Particle[] particles;

void setup() {
  size(1000, 1000);
  audio = new AudioIn(this, 0);
  audio.start();
  fft = new FFT(this, spectrum.length); //创建FFT
  fft.input(audio);    //把声音输入绑定到FFT
  background(255);

  particles = new Particle[spectrum.length];
  for (int i=0; i<particles.length; i++) {
    particles[i] = new Particle(random(width), random(height));
  }
}

void draw() {
  noStroke();
  fill(255, 10);
```

```
  rect(0, 0, width, height);

  fft.analyze(spectrum); //FFT分析，结果存储到spectrum数组

  for (int i=0; i<particles.length; i++) {
    particles[i].update(spectrum[i]); //更新粒子
    particles[i].display();           //绘制粒子
  }
}
```

运行结果如下图所示。

下面基于线章节的一个例子来可视化FFT，在画面中创建一些线，让每条线段的第一个端点以第二个端点为中心旋转，第二个端点以下一条线段的第一

个端点为中心进行旋转生成图形。每次更新旋转的弧度都对应于FFT分析后的相应频段数据，并在当相应频段数值大于0.001的情况下绘制线段。另外，添加了一个keyPressed()函数，当发生键盘事件时，存储当前帧的图像。

```
String filename;
import processing.sound.*;
AudioIn audio;
FFT fft;
float[] spectrum = new float[32];
VisualLine[] lines;

void setup() {
  filename = this.getClass().getName();
  size(1000, 1000);
  audio = new AudioIn(this, 0);
  audio.start();
  fft = new FFT(this, spectrum.length);
  fft.input(audio);
  background(255);

  lines = new VisualLine[spectrum.length];
  for (int i=0; i<lines.length; i++) {
    Point p1 = new Point(random(width), random(height));
    Point p2 = new Point(random(width), random(height));
    lines[i] = new VisualLine(p1, p2, 1, color(0, 10));
  }
}

void draw() {
  fft.analyze(spectrum);

  for (int i=0; i<lines.length; i++) {
    VisualLine l1 = lines[i];
    VisualLine l2 = lines[(i+1)%lines.length];
    float radian = spectrum[i]; //弧度等于对应频段
    l1.p1.rotate(l1.p2, radian);
    //第一个端点以第二个端点为中心旋转
```

```
    l1.p2.rotate(l2.p1, radian);
    //第二个端点以下一条线段第一个端点为中心旋转
    if(spectrum[i]>.001) lines[i].display();
  }
}

void keyPressed() {
  saveFrame(filename + ".jpg"); //存储当前帧图像
}
```

运行结果如下图所示。

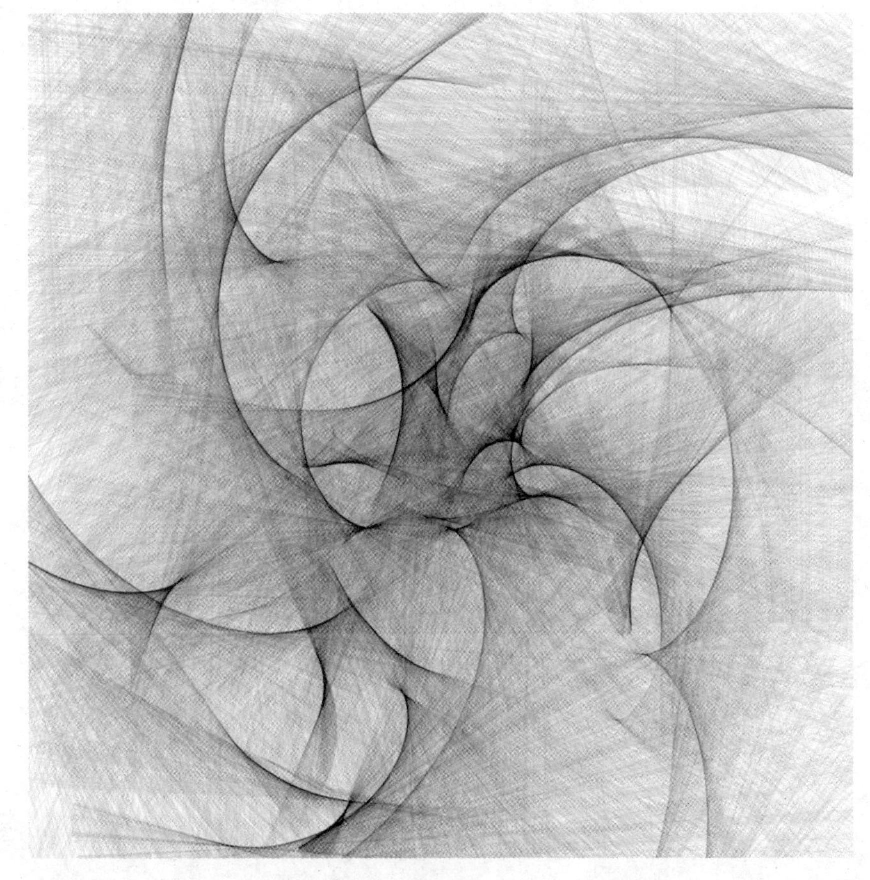

在之前的章节，我们学习了很多图形生成方法，现在你可以通过声音输入分析，基于之前的图形规则来创建不一样的声音可视化效果。